Haustein / Maier

Flexible Automatisierung

Heinz-Dieter Haustein
Harry Maier

Flexible Automatisierung

Aufbruch einer Schlüsseltechnologie der Zukunft

Akademie-Verlag · Berlin
1985

Dieser Titel wurde vom Originalmanuskript der Autoren reproduziert.

Erschienen im Akademie-Verlag, DDR-1086 Berlin, Leipziger Str. 3-4

Lizenznummer: 202 . 100/272/84
Printed in the German Democratic Republic
Gesamtherstellung: VEB Druckerei "Thomas Müntzer",
5820 Bad Langensalza
Umschlag: Ralf Michaelis
LSV: 0305
Bestellnummer: 754 461 1 (6882)
01000

Vorbemerkung

Vor 65 Jahren stand die Entwicklung der modernen Automatisierung noch in den Sternen. Aber Karel Čapek führte 1920 mit seinem Stück R.U.R. (Rossum's Universal Robots) den menschenähnlichen Roboter in die Literatur ein.

Immerhin blieb Čapek dabei nicht rein literarisch; er prophezeite einen Weltbestand von 347 000 Robotern, einen Preis von 150 Dollar pro Roboter (nach heutigen Kaufkraftverhältnissen sind das 4 500 Dollar) und sprach davon, daß ein Roboter 2,5 Arbeitskräfte ersetze. Mindestens hier stutzen wir: Allzu vertraut ist uns diese Zahl, die in vielen (Fach-)Literaturstellen genannt wird.

Allzu weit jedenfalls sind wir von den Čapekschen Zahlen nicht mehr entfernt - ein Zeichen dafür, wie die Realität an vorderster Front der wissenschaftlich-technischen Entwicklung die Science fiction einholt. Oft überholt sie aber auch die ökonomische Phantasie, die sich meist am Bestehenden orientiert und dabei nicht selten Effizienzpotentiale der Zukunft übersieht. Wenn standardisierte Serienprodukte der klassischen Einzweckautomatisierung Exporteinbußen erleiden und die Kunden in aller Welt immer mehr maßgeschneiderte flexible Lösungen wünschen, beginnt das Nachdenken. Was heißt flexible Automatisierung, was kann sie leisten? Vor wenigen Jahren noch ein wirtschaftlich unergiebiges Experimentierfeld technischer Pioniere, wird sie heute zum Gegenstand koordinierter Forschung, staatlicher Programme und durchkalkulierter kaufmännischer Erfolge.

Den Blick für die weitreichenden ökonomischen Konsequenzen dieser Basisinnovation ersten Ranges zu schärfen ist unser Anliegen. Sie ist die Schlüsseltechnologie für den Leistungsschub der achtziger Jahre in der verarbeitenden Industrie, nicht mehr und nicht weniger.

Die Verfasser möchten nicht versäumen, Thomas Egel vom Akademie-Verlag für tatkräftige Unterstützung zu danken. Hildegard Zeumer sind wir für die umsichtige technische Fertigstellung der Arbeit zu Dank verpflichtet.

Inhaltsverzeichnis

1. Flexible Automatisierung und ihre "ausnahmsweise Produktivkraft"

Wir erleben gegenwärtig eine spürbare Beschleunigung des wissenschaftlich-technischen Fortschritts in allen Bereichen des Reproduktionsprozesses. Es ist offensichtlich, daß in unseren Tagen die wissenschaftlich-technische Revolution an Intensität, Breite und Schubkraft gewonnen hat. Große Teile der Produktion - aber auch anderer Lebensbereiche - werden vollkommen umgestaltet. In diesem revolutionären Umwälzungsprozeß der Produktivkräfte spielen Basisinnovationen, wie Mikroelektronik, flexible Automatisierung, Robotertechnik, neue energie- und materialsparende Technologien, moderne Biotechnologien, Entwicklung hochleistungsfähiger Werkstoffe, neue verkehrstechnische, städtebauliche und umweltgestalterische Lösungen, eine entscheidende Rolle. Sie ermöglichen es, ein qualitativ höheres Produktivitätsniveau herauszubilden, das bis Ende dieses Jahrhunderts etwa zwei- bis dreimal so hoch sein dürfte wie das gegenwärtige.

Nur mit Hilfe solcher Basisinnovationen oder Schlüsseltechnologien ist es möglich, qualitativ neue Felder für die Steigerung des Nutzeffektes der gesellschaftlichen Arbeit zu erschließen. Sie sind daher die Kristallisationspunkte des sich herausbildenden qualitativ neuen Produktivitätsniveaus und damit die Grundlage für eine Vielzahl von Verbesserungs- und Rationalisierungsinnovationen, die das geschaffene Effektivitätspotential schrittweise für die Produktivkraftentwicklung erschließen.

Eine wesentliche Eigenschaft wissenschaftlich-technischer Neuerungsprozesse besteht darin, daß sie in dem Maße, wie sie ein neues Produktivitätspotential aufbauen, das vorhandene Produktivitätsniveau der traditionellen Technologien unterminieren. Es gehört zum Wesen wissenschaftlich-technischer Neuerungen, Flexibilität und Risikobereitschaft zu belohnen und Konservatismus und Risikoscheu zu bestrafen. Hieraus entspringen wichtige Herausforderungen an die Vervollkommnung der Leitung und Planung dieser Prozesse in der entwickelten sozialistischen Gesellschaft. Es geht darum, dieses neue Produktivitätsniveau maßgeblich mit zu bestimmen und die es determinierenden Basisinnovationen in der dem Sozialismus eigenen Weise und für die ihm immanenten Ziele zu nutzen.

Es kann kein Zweifel darüber bestehen, daß der Sozialismus seine Zielsetzung und seine Vorzüge nur mit einem hohen Produktivitätsniveau, das auf den Errungenschaften der sich gegenwärtig vollziehenden Revolution der Produktivkräfte beruht, verwirklichen kann. Die Bestimmung und Nutzung der Errungenschaften der wissenschaftlich-technischen Revolution durch die sozialistischen Länder ist gleichzeitig eine Grundfrage der weiteren Entwicklung des internationalen Kräfteverhältnisses von Sozialismus und Imperialismus sowie der Lösung solcher globalen Existenzprobleme der Menschheit, wie der Verhinderung einer nuklearen Katastrophe, der Überwindung der Unterentwicklung und Verelendung in den schwachentwickelten Ländern, in denen ein ständig wachsender Teil der Weltbevölkerung lebt.

Es gilt daher, einen neuen Schritt bei der Verbindung der Vorzüge des Sozialismus mit den Errungenschaften der wissenschaftlich-technischen Revolution zu tun. Dieser neue Schritt besteht vor allem darin, im Interesse hoher Effektivität der Produktion jene strategischen Entwicklungslinien des wissenschaftlich-technischen Fortschritts mit Konsequenz und Zielstrebigkeit zu nutzen, die der sich herausbildenden neuen historischen Kombination der Produktivkräfte entsprechen.

Die die gegenwärtige wissenschaftlich-technische Revolution prägenden Basisinnovationen sind eng miteinander verflochten. Ihre Dynamik und historische Tendenz wird jedoch maßgeblich von der Entwicklung der modernen Informationstechnik bestimmt, die den Kernprozeß der gegenwärtigen wissenschaftlich-technischen Revolution bildet.[1] War in der großen industriellen Revolution Ende des 18. Jahrhunderts die Kreation und Durchsetzung der Werkzeugmaschine der "historische Wendepunkt"[2], welcher zur Schaffung der dem Kapital adäquaten materiell-technischen Basis führte, so ist es in der gegenwärtigen wissenschaftlich-technischen Revolution die moderne Informationstechnik, die eine qualitativ neue materiell-technische Basis herausbildet, welche den sozialistischen Produktionsverhältnissen adäquat ist und die Entfaltung ihrer Wesenszüge ermöglicht.

Die Werkzeugmaschine befreit den Menschen von den unmittelbaren Einwirkungen auf den Arbeitsgegenstand, indem sie für ihn die Arbeitswerkzeuge führt. Hierdurch macht sie die Produktion relativ unabhängig von den physischen Leistungsgrenzen des Menschen bei der Handhabung der Werkzeuge. Der Mensch entwirft, kontrolliert und korrigiert hier vor allem die Tätigkeit der Maschine.[3]

Durch die moderne Informationstechnik, hervorgebracht von der Mikroelektronik, wird es möglich, auch die informationsverarbeitenden Funktionen des Menschen im Arbeitsprozeß auf die Maschine zu übertragen und somit nicht nur den Wirkungsgrad der physischen, sondern auch den der geistigen Tätigkeit des Menschen im Arbeitsprozeß wesentlich zu erhöhen.

Damit tritt auch in bezug auf die informationsverarbeitenden Prozesse der Mensch "neben den Produktionsprozeß, statt sein Hauptagent zu sein"[4].

Ähnlich wie bei der Werkzeugmaschine handelt es sich hier nicht um eine bloße "technologische Scheidung", "sondern um eine solche Revolution in den angewandten Arbeitsmitteln, die die Produktionsweise und damit die Produktionsverhältnisse umgestaltet"[5]. Hierin liegt die historische Tendenz der modernen Informationstechnik. Für die Ausschöpfung des der modernen Informationstechnik innewohnenden Effektivitätspotentials erweisen sich die auf dem kapitalistischen Privateigentum an den Produktionsmitteln beruhenden Produktionsverhältnisse als zu eng. Die Entfaltung und Nutzung dieses Effektivitätspotentials für die allseitige Entwicklung des Menschen, seiner produktiven, sozialen und ästhetischen Potenzen ist nur unter Produktionsverhältnissen möglich, die diese Schranken überwinden. Dies sind die sozialistisch-kommunistischen Produktionsverhältnisse.

In unserer Zeit bildet die neue Qualität der Informationstechnik und die durch sie möglich gewordene revolutionäre Umwälzung der Arbeitsmittel den Kernprozeß der wissenschaftlich-technischen Revolution. Das dynamische Element der Produktivkräfte trägt immer konkret-historischen Charakter und ist stets durch eine bestimmte Kombination von grundlegenden Neuerungen repräsentiert. Lenin unterstrich die Bedeutung des historischen Herangehens an die Analyse, Leitung und Planung des volkswirtschaftlichen Wachstums aus der Sicht des dynamischen Elementes der Produktivkräfte. Er stellte die Wachstumsfragen für Sowjetrußland nicht allgemein, sondern in ganz konkreter Verbindung mit der damaligen historischen Kombination von Basisinnovationen, wie sie sich im Schoße der kapitalistischen Wirtschaft seit der Strukturkrise der achtziger und neunziger Jahre des vergangenen Jahrhunderts herausgebildet hatte. In seinem berühmten "Entwurf eines Plans wissenschaftlich-technischer Arbeiten" von 1918 und in dem Brief an G.M. Krshishanowski vom Januar 1920 weist Lenin nach, daß die revolutionäre Veränderung der damaligen Produktivkräfte vor allem auf der Basis der Elektrifizierung möglich ist.[6] Ein halbes Jahrhundert nach dem GOELRO-Plan stehen wir erneut vor qualitativen Veränderungen der materiell-technischen Basis, die man wohl unterscheiden muß von den quantitativen, evolutionären Verbesserungen auf Basis bekannter technischer Prinziplösungen, die Marx als "bloß quantitative Ausdehnung auf gegebner technischer Grundlage"[7] bezeichnet.

Im Rahmen der sich heute herausbildenden neuen Kombination der Produktivkräfte kommt auf der Grundlage der modernen Informationstechnik der flexiblen Automatisierung ein besonders hoher Stellenwert zu. Historisch gesehen kommt in dieser qualitativ neuen Form der Automatisierung die der großen Industrie eigene Tendenz zum Ausdruck, daß es "weder die unmittelbare Arbeit, die der Mensch selbst verrichtet, noch die Zeit, die er arbeitet, sondern die Aneignung seiner eignen allgemeinen Produktivkraft, sein Verständnis der Natur und die Beherrschung derselben durch sein Dasein als Gesellschaftskörper - in einem Wort die Entwicklung des gesellschaftlichen Individuums (ist), die als der große Grundpfeiler der Produktion und des Reichtums erscheint"[8].

Es ist klar, daß diese Tendenz der Entwicklung der Produktivkräfte sich erst in einem langen historischen Prozeß voll entfalten wird. Diese historische Entwicklungstendenz der Produktivkräfte kann sich aber nur unter sozialistischen Produktionsverhältnissen voll realisieren. Nur sie können zu Bewegungsformen eines qualitativ neuen Typs von Produktivkräften werden, der die allseitige Entfaltung der produktiven, sozialen und ästhetischen Anlagen des Menschen nicht nur ermöglicht, sondern sie auch als eigene Entwicklungsbedingung erfordert.

Für Marx war das "automatische Atelier" "die vollendete, der Maschinerie entsprechende Productionsweise, und es ist um so vollendeter, je mehr es ein vollständiges System des Mechanismus bildet, je weniger einzelne Processe noch ... der Vermittlung durch menschliche Arbeit bedürfen"[9].

Die durch die Mikroelektronik hervorgebrachte neue Qualität der Informationstechnik ermöglicht es, das "automatische Atelier" qualitativ neu zu gestalten und so einen neuen Typ der Automatisierung, die flexible Automatisierung, zu realisieren.

Er macht zwar die bisher allein vorherrschende Einzweckautomatisierung nicht überflüssig, aber durch ihn wird es möglich, Barrieren, auf die der traditionelle Typ der Automatisierung stößt, zu überwinden und damit für das "automatische Atelier" ein bisher unzugängliches Effektivitätspotential zu eröffnen. Für den neuen Typ der Automatisierung ist es kennzeichnend, daß wesentliche informationsverarbeitende Prozesse, die mit der Steuerung, Flexibilität und Reaktionsfähigkeit des "automatischen Ateliers" zusammenhängen, nicht mehr "der Vermittlung durch menschliche Arbeit bedürfen" (K. Marx). Sie beruht auf einem unmittelbaren Dialog von Maschine zu Maschine - durch die in sie integrierten Prozeßrechner - im Rahmen eines lernfähigen Systems und befreit den Menschen von der unmittelbaren Teilnahme und der Vermittlung dieses Dialogs.

Flexible Automatisierungslösungen wurden auf dem X. Parteitag der SED[10] und auf der 5. Tagung des ZK der SED als bedeutende strategische Entwicklungsrichtung für die intensiv erweiterte Reproduktion in unserem Land charakterisiert. Im Beschluß des ZK der KPdSU zur Beschleunigung des wissenschaftlich-technischen Fortschritts wird die große Bedeutung der flexiblen Automatisierung in der UdSSR herausgearbeitet.[11]

Die flexible Automatisierung ist nicht irgendeine Teilentwicklungsrichtung von Wissenschaft und Technik oder eine der vielen Modifikationen der automatischen Technik. Sie ist vielmehr eine qualitativ neue Stufe der Automatisierung aus der Sicht ihrer Effektivitätswirkung.

Die klassische Form der Automatisierung war die Einzweckautomatisierung der Massenproduktion in der Fließ- und Stückgutfertigung, deren charakteristisches Element die automatische Maschine und später die automatische Transferlinie bis zur automatischen Fabrik war. Die hochentwickelten Formen der Einzweckautomatisierung, wie die Moskauer Kugellagerfabrik und die Transferlinien, entstanden bereits in den fünfziger Jahren und breiteten sich in den sechziger Jahren international schnell aus. Aber in den siebziger Jahren zeigte es sich, daß das weitere Effektivitätswachstum der Einzweckautomatisierung weltweit auf immer stärkere Barrieren stieß. Erstens bringt die Einzweckautomatisierung eine so hohe Leistung der technischen Systeme, daß sie die Grenzen eines konkreten Bedarfs oft weit überschreitet, vor allem dann, wenn Bedarfssättigungen, wie bei Fernsehgeräten, Kühlschränken, Waschmaschinen etc., auftreten. Zweitens sinkt auf die Dauer die Rentabilitätsrate der Einzweckautomatisierung, da die organische Zusammensetzung der Fonds steigt. Für Marx wäre eine solche Stufe in der Entwicklung des "automatischen Ateliers" sicher keine Überraschung gewesen. Er hat genau diese ökonomischen Wirkungen des technischen Fortschritts analysiert, die zunächst zur Erhöhung der Profitrate und später zu deren Senkung führen.[12] Drittens beschleunigt sich seit einigen Jahren der Erzeugnisfortschritt weltweit. Neue, hochinnovative Erzeugnisse aber gestatten es, einen zusätzlichen Neuwert in der Zeiteinheit zu produzieren und zu realisieren. So beträgt der Kilopreis einer mechanischen Schreibmaschine auf dem Weltmarkt etwa 20.- Mark, einer elektrischen Typenhebel-Schreibmaschine 54.- Mark, einer elektrischen Kugelkopfmaschine 85.- Mark und einer elektronischen Schreibmaschine 256.- Mark. In der kapitalistischen Industrie spielt die Form des Surplusprofits, die auf der Erzeugnisneuerung beruht, eine wachsende Rolle. Zwar bringt auch der Surplusprofit aus Verfahrensneuerungen keine geringen Beträge; auf die Dauer aber hat die Erzeugnisinnovation das eindeutige Primat. Je näher die betreffende Fertigung zur Endstufe der gesellschaftlichen Produktion steht, desto größer ist gewöhnlich die Neuwertschöpfung.

Neue, hochinnovative Erzeugnisse werden aber in der Phase ihres schnellen Wachstums nicht in Massenfertigung erzeugt. Sie erhöhen vielmehr den Seriencharakter der Produktion.

Viertens hat sich in den siebziger Jahren der Reproduktionszyklus im Durchschnitt nicht beschleunigt, sondern verlangsamt. Minimalen Fertigungszeiten in den automatisierten Einzwecksystemen steht die Verlängerung der gesamten Auftragsdurchlaufzeiten gegenüber. Dazu bemerkte Erich Honecker: "Nicht nur der einzelne Arbeitsgang, der ganze Produktionsablauf muß schneller vonstatten gehen. Doch wie liegen die Dinge in den meisten Betrieben der verarbeitenden Industrie? Ein Erzeugnis herzustellen, dauert Minuten oder Stunden. Von der Erteilung des Auftrags bis zur Auslieferung verstreichen aber Wochen, manchmal Monate. Durch diese große Diskrepanz verlieren wir Effektivität in Mark und Valuta."[13]

Um ein Beispiel zu bringen: In der Textilindustrie beträgt die gesellschaftliche Reproduktionszeit von der Faden- über die Flächenherstellung bis zur Konfektion und zum Handel 482 Tage. Davon entfallen auf die Stufe der Konfektion 229 Tage. Etwa 85 Tage davon sind Vorratslagerung, 50 Tage Liege- und Wartezeiten des Arbeitsgegenstands, und die Arbeitsperiode je Stück beträgt nur 0,05 Tage.

Fassen wir alle vier genannten Momente zusammen, so hat sich im letzten Jahrzehnt ganz offensichtlich ein gesellschaftlich-ökonomisches Bedürfnis nach einer qualitativ neuen Stufe der Automatisierung herausgebildet. Niemals aber führen solche Bedürfnisse gleichsam automatisch zur Lösung des Widerspruchs. Daher waren die Sättigungs- und Abflachungstendenzen im Wachstum der Automatisierung in den siebziger Jahren nicht zu übersehen.

Die Elemente der flexiblen Automatisierung waren historisch bereits im Schoße der alten "Produktionsweise" der Einzweckautomatisierung entstanden. 1955 wurden die numerisch gesteuerte Werkzeugmaschine, 1962 der Industrieroboter, 1965 die rechnergestützte Entwicklung, 1967 die rechnergestützte Fertigung, 1969 die computerisierte NC-Maschine und die flexiblen Fertigungssysteme erstmalig international kommerziell eingeführt. Aber alle diese Neuerungen entwickelten sich bis 1973 langsamer als ursprünglich eingeschätzt wurde. Erst ab 1973 begann ihr stürmisches Wachstum mit Zuwachsraten von 35 bis 69 Prozent pro Jahr. Dies hängt damit zusammen, daß erst der Mikroprozessor jenes ökonomische Potential der Informationsverarbeitung ermöglichte, das für die Automatisierung bei wechselnden Fertigungsaufgaben - also für die flexible Automatisierung - erforderlich ist.

Einfachere Roboter können in der M a s s e n produktion auch für die Einzweckautomatisierung sinnvoll eingesetzt werden. Sie ermöglichen, das Produktivitätsniveau erheblich zu verbessern oder zu vervollkommnen. Eine neue Qualität der Produktivkräfte, einen Produktivitätssprung, bewirken sie nicht. Ganz anders ist das bei den Elementen der flexiblen Automatisierung.

Mit der flexiblen Automatisierung wird das "automatische Atelier" (Marx) erst wirklich realisierbar, d.h. die ökonomisch rentable Fertigung (einschließlich Produktionsvorbereitung) von kleinen und mittleren Serien bei einem hohen Automatisierungsgrad. Ein Atelier für wechselnde Arbeitsaufgaben ist etwas anderes als der Großbetrieb der Einzweckproduktion. Die ökonomischen Maßstäbe der Produktion, die "Stufenleiter der Produktion (Marx) unterliegt der historischen Veränderung. Kleine und mittlere Serien im Wechsel automatisiert und hocheffektiv zu produzieren, wird auch bei geringerer Größe der Produktionseinheiten möglich.

Die bisherige Entwicklung zeigt, daß die flexible Automatisierung eine "exzeptionelle Produktionsweise" (Marx) ist. Exzeptionell bedeutet soviel wie außergewöhnlich, ausnahmsweise, von der Norm oder vom Durchschnitt abweichend. Marx zählt zur exzeptionellen Produktionsweise oder "ausnahmsweisen Produktivkraft" alle Fälle, in denen "Kapital von bestimmter Größe in besonders produktiver Weise fungiert - ein Umstand, der wegfällt, sobald sich die neue Produktionsweise verallgemeinert oder von noch mehr entwickelter überflügelt wird"[14].

In unserer Zeit zeigt sich immer deutlicher, daß die "ausnahmsweise Produktivkraft" der flexiblen Automatisierung sie zu einer strategischen Entwicklungslinie der Produktivkräfte, die das Produktivitätswachstum im vor uns liegenden Jahrzehnt signifikant beeinflussen wird, macht. Sie ist keinesfalls nur auf die metallverarbeitende Industrie beschränkt. 1983 kamen die ersten Informationen über das Debüt der flexiblen Automatisierung in den sogenannten Prozeßindustrien, in der kleintonnagigen chemischen, pharmazeutischen oder in der Chargenproduktion der Farbenindustrie etc. Gegenwärtig aber muß man einschätzen, daß die flexible Automatisierung in vielen Industriezweigen und im Durchschnitt der Industrie unseres Landes noch nicht das erforderliche Tempo erreicht hat. Die Ausbreitung dieser "exzeptionellen Produktionsweise" ist von erstrangiger Bedeutung für die Beherrschung des Zeitfaktors.

In den kapitalistischen Ländern führen diese Prozesse nicht nur zu steigender Arbeitslosigkeit, die 1983 den Stand von über 33 Millionen in den 24 kapitalistischen Industrieländern der OECD erreichte, sie bringen auch eine neue Welle der Sinnentleerung der Arbeit und ihrer weiteren Subordination unter den Funktionsmechanismus des fixen Kapitals. Das Kapital eignet sich in den dynamischen Zweigen nicht nur den produzierten Mehrwert an, es verwandelt auch zunehmend das, was Marx das historische Moment bei der Bestimmung des Wertes der Ware Arbeitskraft bezeichnete, in Elemente des fixen Kapitals. Die Produktionserfahrung des Arbeiters, die Arbeitserfahrung des Entwicklers und Designers werden im elektronischen Gedächtnis des Computers gespeichert. Der Arbeiter, der im teach-in-Verfahren den Roboter führt, vernichtet damit unter kapitalistischen Bedingungen seinen eigenen und weitere Arbeitsplätze.

Die Entwertung des Kapitals vor allem in den traditionellen Zweigen mit unterdurchschnittlicher Profitrate schreitet schnell voran - Ergebnis des moralischen Verschleißes der Produktionsinstrumente, die durch neue und leistungsfähigere ersetzt werden. Weltweit steigen die Anforderungen an das Exportangebot, werden neue und kundenspezifische Erzeugnisse verlangt. Es sind nicht die standardisierten Massengüter, deren Umschlag sich international beschleunigt, sondern die neuen, hochveredelten Erzeugnisse, deren Kilopreis hoch ist und zudem noch überdurchschnittlich steigt.

Erich Honecker stellte auf der 5. Tagung des ZK der SED fest, "Die Welt, in der wir den entwickelten Sozialismus aufbauen, müssen wir so nehmen, wie sie ist. In unserer Hand liegt es, wie wir mit diesen Bedingungen fertig werden."[15] Und er betonte: "In der heutigen Wirtschaft hängt noch mehr als früher vom Zeitfaktor ab."[16]

Der Zeitfaktor als ökonomische Potenz ist eine Kategorie der politischen Ökonomie des Sozialismus, die zuerst von sowjetischen Ökonomen ausgearbeitet wurde.[17] Grundlage ihrer Erforschung sind die Marxschen Gedanken zur zeitlichen Dimension in der Bewegung der gesellschaftlichen Produktivkräfte, im Kreislaufprozeß und in der Veränderung der Effektivität des Reproduktionsprozesses. Uns erschließt sich ein großer Ideenreichtum, wenn wir aus der Sicht der heutigen Produktivkraftdynamik Marx im Hinblick gerade auf Fragen des Zeitfaktors zu Rate ziehen. Um es auf einen Nenner zu bringen: Das entscheidende Kriterium für die Effizienz der flexiblen Automatisierung ist der Wirkungsgrad der gesellschaftlichen Gesamtarbeit, gemessen über die gesamte Reproduktionszeit des Erzeugnisses.

Erstens bezieht sich die Arbeitsproduktivität als entscheidendes Effektivitätskriterium immer auf die Gesamtarbeit. Die flexible Automatisierung verringert den Arbeitsaufwand nicht nur der Hauptprozesse, sondern auch der Hilfsprozesse, Produktionsvorbereitung und vieler informationeller Tätigkeiten. Sie revolutioniert die Funktionsgliederung der Arbeit, schafft neue Qualifikationsanforderungen und Berufe.

Zweitens ist die kreative Tätigkeit in produktiver Gemeinschaft, mit der keinesfalls zu unterschätzenden routinemäßigen Produktionserfahrung der entscheidende Faktor in allen Kreislaufphasen der Reproduktion. Sie ist zugleich ein Prozeß der Selbstverwirklichung der sozialistischen Persönlichkeit und damit eine grundlegende Prämisse für alle Maßnahmen der flexiblen Automatisierung. Das ist ein ganz entscheidender Vorzug der sozialistischen Gesellschaftsordnung in der täglichen Praxis der Industrie, der noch mehr bewußt zu machen und weiter konsequent zu nutzen ist. Die Arbeit mit Hilfe der Mittel der flexiblen Automatisierung im Sozialismus "ist befreit von der Geißel der Arbeitslosigkeit, und sie birgt in sich die Perspektive sozialer Höherentwicklung"[18].

Da sie in hohem Maße zukunftsbestimmend ist, gilt es bereits in der Ausbildung an den Universitäten, Hoch- und Fachschulen dafür zu sorgen, daß die Absolventen des nächsten Jahrzehnts schnell den neuen Anforderungen gerecht werden. In der Sowjetunion wird es beispielsweise bis 1985 14 Lehrsysteme der flexiblen rechnergestützten Entwicklungs- und Projektierungsarbeiten (SAPR) geben. Bisher wurden mehr als 2000 Spezialisten mit Hilfe der bereits vorhandenen Systeme ausgebildet. Man rechnet damit, daß in den nächsten 10 bis 15 Jahren jeder zweite in der Volkswirtschaft tätige Ingenieur in der Lage sein muß, diese neue Technik zu nutzen und ihre Software weiterzuentwickeln.[19]

In der DDR gibt es herausragende Beispiele der flexiblen Automatisierung in einer Reihe von Kombinaten, die rasch verallgemeinert werden sollten. Im Zentralen Forschungs- und Rationalisierungsbetrieb des Kombinats Schuhe in Weißenfels wurde das Softwarepaket Grafis entwickelt, das eine flexible rechnergestützte Werkzeugherstellung ermöglicht. Über wertvolle Erfahrungen verfügen das Kombinat Umformtechnik "Herbert Warnke" in Erfurt, das Werkzeugmaschinen-Kombinat "Fritz Heckert" in Karl-Marx-Stadt, das Kombinat Polygraph "Werner Lamberz" in Leipzig und andere.

Zugleich aber ist die flexible Automatisierung als neuer Komplex der Produktivkraftentwicklung eine Herausforderung für die strategische Arbeit in allen Leitungsebenen im Sinne des demokratischen Zentralismus. Die technischen, ökonomischen, ausbildungsseitigen, sozialen und bewußtseinsmäßigen Aspekte der flexiblen Automatisierung erfordern Vorlauf, Ideenreichtum, konzeptionelle Klarheit, Leistungsbereitschaft und zielstrebige politische Führung. Eine Voraussetzung dafür ist die Kenntnis der ökonomischen Grundlagen der flexiblen Automatisierung.

2. Ökonomische Grundlagen der Strategie der flexiblen Automatisierung

2.1. Automatisierung, Innovation und Effektivitätsentwicklung

Der bisher dominierende, eindimensionale Typ der Automatisierung beruht auf unflexiblen Fertigungslinien zur Produktion eines ganz bestimmten Massenproduktes. Obwohl die Einzweckautomatisierung bei der Produktion von Massenerzeugnissen weiterhin ihre Bedeutung behalten wird, ist nicht zu übersehen, daß dieser Typ der Automatisierung sich gegenwärtig einem Saturationspunkt nähert, der immer schwieriger zu überschreiten sein wird (Abbildung 1).

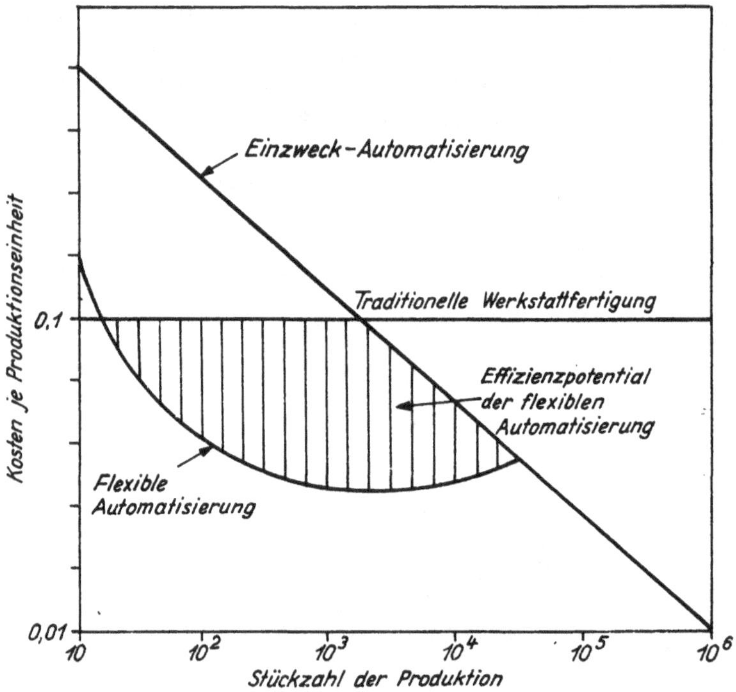

Abbildung 1
Relation zwischen Stückzahl und Kosten bei flexibler und unflexibler Automatisierung und traditioneller Werkstattfertigung

Untersuchungen in den USA zum Beispiel zeigen, daß 4/5 der Erzeugnisse der verarbeitenden Industrie in der Welt nach wie vor in Losgrößen von 10 bis 50 Stück hergestellt werden und im Durchschnitt etwa das Fünffache im Vergleich zu Massenprodukten kosten.[20]

In Japan werden gegenwärtig ca. 80% der Erzeugnisse des Maschinenbaus in kleinen und mittleren Serien gefertigt. Die japanischen Konzerne sehen hier ein bisher nicht erschlossenes Potential für die Automatisierung.[21] Daß diese Anstrengungen nicht ohne Erfolg sind, zeigen ihre spektakulären Erfolge beim Export von CNC-Maschinen in die USA und nach Westeuropa, die im Rahmen von Systemen der flexiblen Automatisierung gefertigt werden.[22]

Die sich abzeichnenden Barrieren für die Erhöhung des Automatisierungskoeffizienten der Anlagen und des Automatisierungsgrades der Arbeit (dies ist der Anteil der Arbeiter an voll- und teilautomatisierten Anlagen an der Gesamtheit der Produktionsarbeiter) bei dem gegenwärtig vorherrschenden Typ der Automatisierung, der Einzweckautomatisierung, hängen mit folgenden ökonomischen Tatbeständen zusammen:

1. In jeder industriell entwickelten Volkswirtschaft muß ein großer Teil der Produktion in kleineren und mittleren Serien erfolgen. In der DDR zum Beispiel produzieren 40 Prozent der Betriebe mit einer Stückzahl von 1 000 bis 100 000 Stück.[23] In der metallverarbeitenden Industrie der DDR ist in der Zeit von 1970 bis 1980 der Anteil der kleinen und mittleren Serien mit etwa 55 Prozent faktisch konstant geblieben.[24] In der US-Industrie werden 40 Prozent der Erzeugnisse der verarbeitenden Industrie in kleinen und mittleren Serien erzeugt. Die kleinen und mittleren Serien können von dem bisher vorherrschenden Typ der Automatisierung - der unflexiblen Einzweckautomatisierung - wegen der anfallenden hohen Kosten und der benötigten Vielfalt an Gebrauchswerteigenschaften nicht erfaßt werden. Hier liegt die Erklärung dafür, daß sich der Anteil der automatisierten Fertigung am Fertigungszeitaufwand der Serienproduktion von 1970 bis 1980 in der metallverarbeitenden Industrie kaum verändert hat und unter einem Prozent liegt.[25]

2. Eine der entscheidenden Ursachen dafür, daß die Einzweckautomatisierung an die Grenzen ihres Effizienzpotentials zu stoßen

beginnt, liegt darin, daß sie einen Widerspruch zwischen Automatisierung der Fertigung und Innovativität der Erzeugnisse hervorbringt. Der traditionelle Typ der Automatisierung ist oftmals ökonomisch erst in der Reife- bzw. Saturationsphase des Innovationszyklus anwendbar, also erst zu einem Zeitpunkt, wo die dynamische Effektivität der Erzeugnisse abzunehmen beginnt und sich immer mehr der durchschnittlichen Effektivität annähert.[26] Die Einzweckautomatisierung bringt einen wichtigen Effektivitätszuwachs vor allem bei technologisch voll ausgereiften Erzeugnissen, die in großer Stückzahl produziert werden können. Dies sind aber auch Erzeugnisse, die durch wissenschaftlich-technische Neuerungen leicht verwundbar sind, was schnell dazu führen kann, daß die mit enormem Aufwand errichteten automatisierten Produktionsanlagen ökonomisch entwertet werden können. Hochinnovative Erzeugnisse waren daher bisher für die Automatisierung unerreichbar.

In Tabelle 1 wie auch in Abbildung 2 ist die Struktur des Fertigungsaufwandes in der metallverarbeitenden Industrie der DDR dargestellt. Es zeigt sich, daß 70% der Fertigungszeit für Einzel-, Klein- und Mittelserienfertigung verwendet wird. Die Relationen sind über zehn Jahre fast gleich geblieben. Man kann nach verschiedenen Erhebungen annehmen, daß nur etwa 5% der Fertigungszeit unmittelbare Maschinenzeit ist. Betrachtet man ferner den Automatisierungskoeffizienten der Ausrüstungen, der Arbeit und der Fertigungszeit (Abbildung 3), so wird deutlich, daß die bisher dominierende Form der Automatisierung, die Einzweckautomatisie-

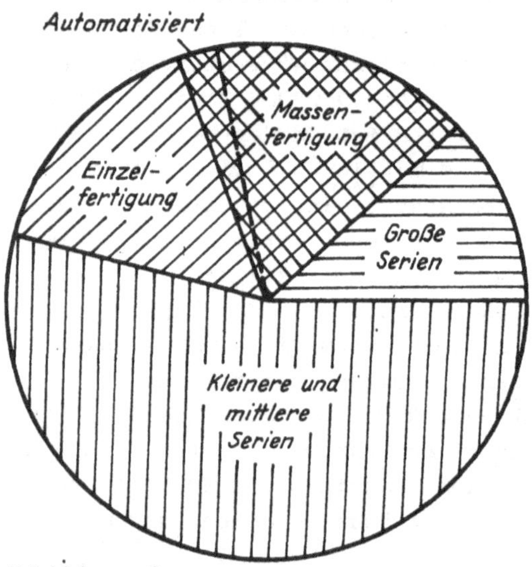

Abbildung 2
Struktur des Fertigungsaufwands in der metallverarbeitenden Industrie der DDR

Tabelle 1

Struktur des Fertigungszeitaufwandes der metallverarbeitenden Industrie der DDR (Prozent)

	1970	1980
I. Einzelfertigung	15.1	15.0
A. Werkstattfertigung	6.3	6.2
B. Spezialisierte Fertigung	2.2	2.6
C. Montage	6.6	6.3
II. Serienfertigung	67.2	64.6
A. Werkstattfertigung	19.8	18.1
B. Spezialisierte Fertigung	22.9	23.0
B.1 Gruppenfertigung	9.3	10.8
B.2 Reihenfertigung	10.8	9.5
B.3 Maschinenfließfertigung	2.8	2.7
B.3.1 Automatische Maschinenfließfertigung	0.6	0.6
C. Montage	24.5	23.6
C.1 Einzelmontage	2.3	1.6
C.2 Losmontage	12.8	14.1
C.3 Montagefließfertigung	9.4	7.8
C.3.1 Automatische Maschinenfließmontage	0.1	0.3
III. Massenproduktion	17.7	20.4
A. Werkstattfertigung	2.5	2.3
B. Spezialisierte Fertigung	9.7	11.5
B.1 Gruppenfertigung	2.5	2.7
B.2 Reihenfertigung	4.3	5.2
B.3 Maschinenfließfertigung	2.9	3.6
B.3.1 Automatische Maschinenfließfertigung	0.5	1.4
C. Montage	5.5	6.6
C.1 Einzelmontage	0	0.1
C.2 Losmontage	1.1	1.5
C.3 Montagefließfertigung	4.4	5.0
C.3.1 Automatische Maschinenfließmontage	0.9	0.2
Gesamtproduktion der metallverarbeitenden Industrie (I + II + III)	100	100
Potential für die flexible Automatisierung (alle Kategorien außer II.B.3, II.C.3.1, III)	79.4	76.7

Quelle: Statistisches Jahrbuch der DDR, Berlin 1972, S. 142; ebenda, Berlin 1980, S. 127; ebenda, Berlin 1982, S. 132.

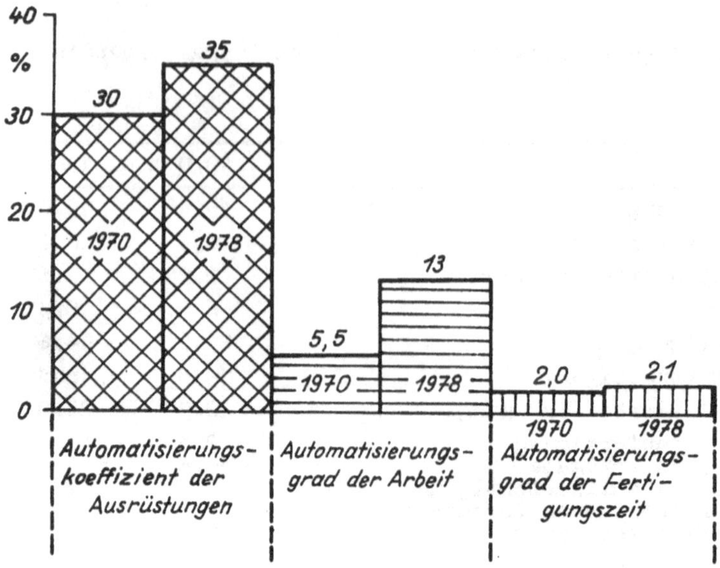

Abbildung 3

Automatisierungskennziffern in der metallverarbeitenden Industrie der DDR

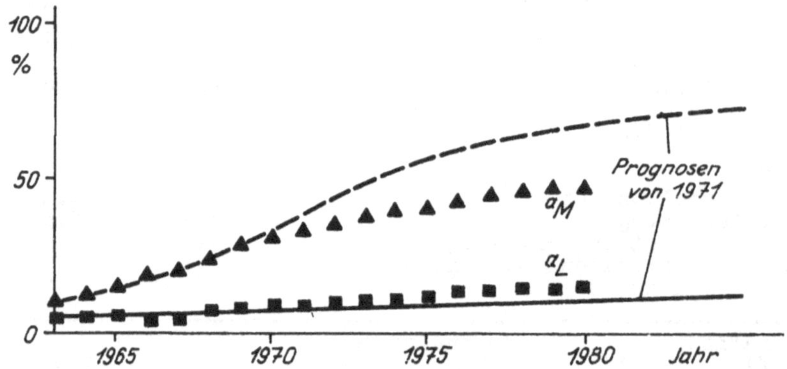

Abbildung 4

Der Automatisierungskoeffizient der Ausrüstungen a_M und der Automatisierungsgrad der Arbeit a_L in der Industrie der DDR

rung, an bestimmte Grenzen zu stoßen beginnt (Abbildung 4). 50% Automatisierung der Ausrüstungen ergibt nur 14% Automatisierung der Arbeit. Grob gesprochen, wären mit 100% Automatisierung der Ausrüstungen bestenfalls 28% Automatisierung der Arbeit denkbar. Legt man eine logische Funktion durch die bisherigen Werte der Automatisierung der Ausrüstungen und der Arbeit, so erhalten wir Sättigungswerte von 54% für den Automatisierungsgrad der Ausrüstungen und 20% für den Automatisierungsgrad der Arbeit.

Dies zeigt, daß die Einzweckautomatisierung ein umfassendes "automatisches Atelier" nicht zu realisieren vermag. Da sie vor allem die Hauptprozesse der Produktion umfaßt, würden die von ihr nicht erfaßbaren Prozesse der Produktionssteuerung und -leitung, der Produktionsvorbereitung, der Qualitätskontrolle sowie die Hilfs- und Nebenprozesse (Transport, Lagerhaltung u.a.) immer mehr Arbeitskräfte erfordern und die Produktivitätssteigerung maßgeblich hemmen. Nur die flexible Automatisierung wird in der Lage sein, die sich abzeichnenden Barrieren für die Erhöhung des Automatisierungsgrades der Arbeit zu überwinden und den Koeffizienten zwischen Automatisierungsgrad der Ausrüstungen und dem Automatisierungsgrad der Arbeit, der sich seit 1970 in der DDR rückläufig entwickelt, wieder positiv ansteigen zu lassen (Abbildung 5).

Wie bereits dargelegt, war erst die Mikroelektronik in der Lage, das in der Automatisierung von kleineren und mittleren Serien, die oftmals hochinnovative Erzeugnisse herstellen, liegende Effizienzpotential zu erschließen. Damit ändert sich auch der Platz der Automatisierung im Innovationszyklus. Sie beginnt nicht erst in der Reife- und Saturationsphase der Erzeugnisse eine entscheidende Rolle zu spielen wie bei der Einzweckautomatisierung, sie kann in Gestalt der flexiblen Automatisierung bereits in der Einführungsphase und der Phase des schnellen Wachstums wirksam werden und damit die dynamische Effektivität hochinnovativer Erzeugnisse schon zu diesem Zeitpunkt in größerem Umfang absorbieren. Dies führt ohne Zweifel zu einer Beschleunigung des wissenschaftlich-technischen Fortschritts auf breitester Front.

Dieser Tatbestand wurde in der Vergangenheit oftmals übersehen. Damit war die Vorstellung verbunden, daß ausgereifte

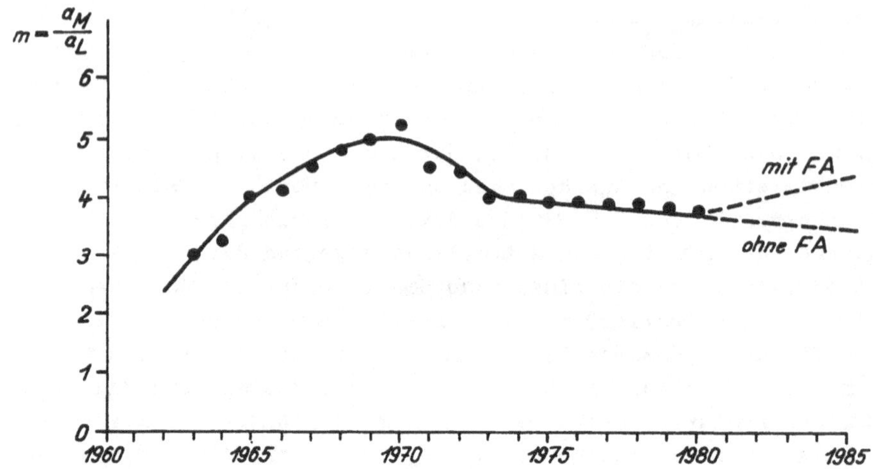

Abbildung 5
Relationen zwischen dem Automatisierungskoeffizienten der Ausrüstungen a_M und dem Automatisierungsgrad der Arbeit a_L in der Industrie der DDR

Massenprodukte, produziert mit Hilfe von Einzweckautomaten, die höchste und daher anzustrebende Form der ökonomischen Rationalität darstellen. So wird z.B. in einer Schrift aus dem Jahre 1975 festgestellt: "Die Zersplitterung der Sortimente in den Industriebetrieben nimmt zu, während die weitere Mechanisierung und Automatisierung große Produktionsmaßstäbe gleicher Erzeugnisse erfordert."[27]

Große Produktionsmaßstäbe gleicher Erzeugnisse sind aber typisch für die Reife- und Sättigungsphase von Produktionszweigen, wo zwar eine hohe Gewinnmasse erzielt wird, die Effektivität aber bereits wieder auf den Durchschnitt der Industrie und sogar darunter fällt.

Es ist daher nicht zufällig, daß gegenwärtig standardisierte Massenerzeugnisse der Industrie - meistens mit Einzweckautomaten produziert - auf dem Weltmarkt einem starken Preisverfall unterliegen und das niedrigste Preisniveau seit 30 Jahren zu verzeichnen haben. Ganz offensichtlich ist das Effektivitätspotential dieser Erzeugnisse weitgehend aufgezehrt. Andererseits ist die Umstellung der Produktion auf neue, hochinnovative Erzeugnisse -

die ein überdurchschnittliches Effektivitätswachstum sichern würden - im Rahmen von Anlagen der Einzweckautomatisierung äußerst schwierig. Dies ist der Grund, weshalb ein großer Teil der Produzenten, die in den sechziger und siebziger Jahren in großem Stil in die Einzweckautomatisierung, so z.B. in der Autoindustrie, Elektroindustrie oder Chemie, investiert haben, heute nicht einmal in der Lage sind, ein durchschnittliches Effektivitätswachstum zu sichern. Andererseits sind heute Produzenten von hochinnovativen Produkten - im Maschinenbau, in der Elektrotechnik, Elektronik, des Anlagenbaus - mit Hilfe von flexiblen Fertigungssystemen in der Lage, ein überdurchschnittlich hohes Effektivitätswachstum und eine hohe Neuwertschöpfung zu erzielen. Dies deshalb, weil sie in der Lage sind, die Vorteile der flexiblen Automatisierung bereits in der Phase des schnellen Wachstums (II) und der Reifephase (III) des Innovationszyklus zu nutzen.

Für die dynamischen Produktionszweige, deren Schlüsseltechnologien sich in der Einführungsphase (I) und in der Phase des schnellen Wachstums (II) befinden, ist objektiv eine schnell wachsende Sortimentsbreite typisch. Auch der vielfältige Bedarf des Weltmarktes und des Binnenmarktes kann nicht allein durch große Serien befriedigt werden. In der Chemie stecken in der sogenannten kleintonnagigen Produktion die Wachstumsmöglichkeiten der Zukunft und vor allem überdurchschnittliche Effektivitätsraten, weil sie in der Lage ist, hochinnovative Lösungen mit hohem Effektivitätspotential zu realisieren.

In der ökonomischen Strategie der sozialistischen Länder spielt daher der Zusammenhang von Innovation und Automatisierung eine wichtige Rolle: "Vor uns steht die Aufgabe, die Automatisierung der Produktion zu verwirklichen, die breiteste Anwendung von Computern und Robotern zu sichern und eine flexible Technologie einzuführen, die es ermöglicht, die Umstellung auf die Produktion neuer Erzeugnisse schnell und effektiv zu vollziehen."[28]

3. Die Einsatzmöglichkeiten der Einzweckautomatisierung sind vor allem auf die Hauptprozesse der Produktion begrenzt. Hilfs- und Nebenprozesse sowie die Prozesse der Produktionssteuerung, Lagerhaltung und Qualitätskontrolle blieben hier weitestgehend außer-

halb des "automatischen Ateliers". Hierdurch entstehen schwerwiegende Barrieren für das Effektivitätswachstum. Die Automatisierung der Hauptprozesse mit Hilfe der Einzweckautomatisierung bringt zwar anfangs einen hohen Effekt in der Arbeitszeiteinsparung, langfristig führt sie jedoch zur Dämpfung des Produktivitätswachstums, weil der Aufwand für die Hilfsprozesse zunächst langsam und dann schneller steigt. Der Dämpfungseffekt läßt sich statistisch einwandfrei nachweisen.

Während in der DDR von 1971 bis 1980 die Arbeitsproduktivität der Arbeiter und Angestellten in der Industrie um 53 Prozent stieg, erhöhte sich die Produktivität der Hilfsprozesse nur um etwa 37 Prozent. Dieses Zurückbleiben hemmt das Gesamtproduktivitätswachstum.[29]

Die flexible Automatisierung ermöglicht es durch die automatische Informationsverarbeitung im Rahmen eines Maschine-Maschine-Dialogs, neben den Hauptprozessen die Lagerhaltung, Qualitätskontrolle, Produktionssteuerung und Konstruktion in das "automatische Atelier" einzubeziehen und dieses als ein integriertes informationsverarbeitendes System zu gestalten. Das ist besonders wichtig für die Beherrschung des Zeitfaktors in der modernen Produktion.

2.2. Zeitfaktor und Strategie der flexiblen Automatisierung

Der Zeitfaktor ist im gegenwärtigen internationalen Wirtschaftsleben, insbesondere in der Industrie, sehr stark in den Vordergrund gerückt. Im Zeitfaktor kommt die Abhängigkeit der Effektivität wirtschaftlicher Aktivitäten von ihrer zeitlichen Positionierung (Zeitpunkt und Zeitraum) gegenüber der internationalen Konkurrenz zum Ausdruck. Seit dem Ende der siebziger Jahre beschleunigt sich der wissenschaftlich-technische Fortschritt in den führenden Industrieländern, d.h., die Ausbreitungsgeschwindigkeit der neuen historischen Kombination der Produktivkräfte auf Basis der Mikroelektronik und neuen Informationstechnik erhöht sich. Dafür gibt es im wesentlichen zwei Ursachen:
Erstens die enorme Verstärkung des Drucks von seiten der gesellschaftlichen Bedürfnisse der Produktion, der Neu- und Umbewertung der Ressourcen, der Entwertung standardisierter Erzeugnisse und Technologien, der weltweiten Abschwächung der durchschnitt-

lichen Wachstumsraten der Produktion und des durchschnittlichen Produktivitätswachstums und der Verschärfung des Konkurrenzdrucks.
Zweitens die Herausbildung eines neuen wissenschaftlich-technischen Problemlösungspotentials auf Basis der Mikroelektronik, die - in den führenden Ländern - in den siebziger Jahren die Einführungsphase durchlaufen hat und sich jetzt in der Phase des schnellen Wachstums befindet, indem sie schrittweise und signifikant die gesamtwirtschaftliche Effektivität beeinflussen.

In solchen Zeiten führen Zeitverluste gegenüber dem progressiven internationalen Niveau, also dem Niveau des erfolgreichen, schnell expandierenden Ersteinführers[30] zu irreversiblen ökonomischen Verlusten. Das hängt damit zusammen, daß grundlegende Innovationen in ihrer Einführungsphase einen hohen Fondsvorschuß erfordern. Sie sind ferner das Ergebnis der konzentrierten Anwendung innovativer Arbeit, die Marx "Arbeit von ausnahmsweiser Produktivkraft" nannte.

Innovative Arbeit stellt sich im Wertbildungsprozeß als komplizierte Arbeit dar. Sie führt daher zu einer überdurchschnittlichen Wertschöpfung pro eingesetzter Ressourceneinheit durch hochinnovative Produkte und Verfahren. Dies ist ökonomisch gesehen die höchste Form der Veredelung von Rohstoffen und Materialien.

Gelingt es dem Ersteinführer durch schnelles Wachstum hohe Marktanteile zu erringen und Konkurrenten zu verdrängen, so realisiert er durch seinen Vorsprung die ökonomischen Vorteile eines Innovationsmonopols. Infolge des Vorsprungs wird dann der Neuwert aus der erhöhten Nachfrage, aus der beginnenden raschen Kostendegression, aus der Bindung des Kunden an spezifische Eigenschaften des Produktes voll ausgeschöpft. Es wird schwierig, solche Positionen zu attackieren, obwohl es natürlich keinesfalls unmöglich ist.

Die Notwendigkeit des Zeitgewinns resultiert auch aus außerökonomischen Faktoren, die mit den wirtschaftlichen Bedingungen aufs engste verknüpft sind. Die internationale Klassenauseinandersetzung, das politische Herangehen an die ökonomischen Fragen erfordern vorrangige Aufmerksamkeit für den Zeitfaktor unter Bedingungen eines regelrechten Wirtschaftskrieges gegen die sozialistischen Staaten.

Das Gebiet der flexiblen Automatisierung wird von der gegenwärtigen USA-Regierung in jene Maßnahmen einbezogen, die den Technologietransfer in Richtung sozialistische Länder, aber auch in Richtung auf andere Länder beschränken sollen.

Nun ist aber die Beschleunigung der Ausbreitung von Basisinnovationen noch keine Garantie dafür, daß sich der Reproduktionsprozeß als Ganzes schneller vollzieht und damit eine höhere Effektivität in der Breite realisiert wird. Man schätzt allgemein, daß in der verarbeitenden Industrie nur weniger als 5 Prozent der gesamten Umschlagszeit sogenannte Hauptzeit der Fertigung sind, die übrigen Positionen sind Pausen, Transportzeiten, Wartezeiten.[31]

Zwischen der Bestellung eines neuen Erzeugnisses und seiner Auslieferung verstreichen tendenziell immer längere Zeiten, die für die Leitung, Organisation und Durchführung der Entwicklung, Konstruktion, Materialbestellung, Fertigungsplanung und Herstellung benötigt werden. Zugleich muß berücksichtigt werden, daß kleinere Auftragsgrößen, schnellerer moralischer Verschleiß größte Flexibilität verlangen.

Es sind vor allem die Informationsprozesse und in viel geringerem Maße die Stoffänderungs-, Transport- und energetischen Prozesse, die den Zeitstau verursachen. Die Leitungsorganisation ist in den vergangenen beiden Jahrzehnten immer komplexer geworden. Damit wurden die erforderlichen Informationsketten und -schleifen immer länger und zeitaufwendiger. Ohne eine radikale Beschleunigung der Prozesse der Informationsverarbeitung ist eine Verkürzung des gesamten Reproduktionszyklus nicht zu erreichen. Nun gibt es aber seit der Entstehung des Mikroprozessors die wissenschaftlich-technische Möglichkeit, die Informationsverarbeitung durchgehend und auf breiter gesellschaftlicher Basis zu revolutionieren.

Das rechnergestützte integrierte Verarbeitungssystem (Computer integrated manufacturing system CIMS) bietet die reale, heute in der Welt schon an vielen partiellen Beispielen, aber noch nicht massenhaft und in der ganzen Breite bewiesene Möglichkeit eines Produktivitätssprungs, der höher ist als der kombinierte Effekt aller bekannten sonstigen Basisinnovationen der Fertigung, wie Laserbearbeitung, Verbundwerkstoffe oder Gruppentechnologie.

Die Richtigkeit dieser Einschätzung folgt logisch zwingend aus der Zeitstruktur der modernen Fertigung. Jeder noch so große Produktivitätszuwachs der unmittelbaren technologischen Veränderung des Arbeitsgegenstandes würde ins Leere stoßen, solange nicht die hohen Wartezeiten verringert werden. Er bezöge sich ja nur auf die schon erwähnten 5 Prozent oder weniger als 5 Prozent der gesamten Reproduktionszeit. Daher haben sich die Auffassungen als irrig erwiesen, die den Kernprozeß der wissenschaftlich-technischen Revolution in den technologischen Prozessen im engeren Sinne suchten. Vielmehr geht es darum, der Rationalisierung und Automatisierung der Informationsvorbereitung sowohl in der Produktion wie auch in der Produktionsvorbereitung mehr Aufmerksamkeit zu schenken.

Die technologischen Voraussetzungen für den Produktivitätssprung auf Basis der Informationstechnik sind in drei Momenten zu sehen: Erstens bietet der Computer die Möglichkeit der flexiblen Automatisierung der Fertigung mit variablem Programm, wie z.B. bei der Nähautomatisierung. Zweitens erstreckt sich dieses völlig neuartige Potential nicht nur auf die Hardware (Maschinen und Ausrüstungen), sondern auch auf die Software (den Informationsfluß, die Datenbasis) selbst. Drittens hat der Computer die Fähigkeit, den gesamten Reproduktionsprozeß, nicht nur den Fertigungsprozeß, hinsichtlich der Informationsverarbeitung zu i n t e g r i e r e n und damit zu verkürzen.

Im traditionellen dreigliedrigen Maschinensystem konnten nur die Hauptprozesse der Stoffänderung und des Transports starr technisch verkoppelt werden. Die mikroelektronische Informationsverarbeitungsmaschinerie ermöglicht es dagegen, Haupt- und Hilfsprozesse der Fertigung, Produktionsvorbereitung, Zirkulationsprozesse und Leitungsprozesse in flexibler Weise zu integrieren.

Ein rechnergestütztes integriertes Verarbeitungssystem (RIVS[32]) ist ein mit Hilfe der elektronischen Rechentechnik gestaltetes geschlossenes Rückkopplungssystem der Verarbeitung von Rohstoffen, dessen Eingang Erzeugnisanforderungen und Erzeugniskonzepte und dessen Ausgang die diesen Anforderungen entsprechenden fertigen Endprodukte sind. Es besteht aus einer Kombination von Hardware und Software, zu deren Elementen die rechnergestützte Entwicklung, Fertigungsplanung, Produktionslenkung, Bestandswirtschaft etc. gehören (siehe Abbildung 6).

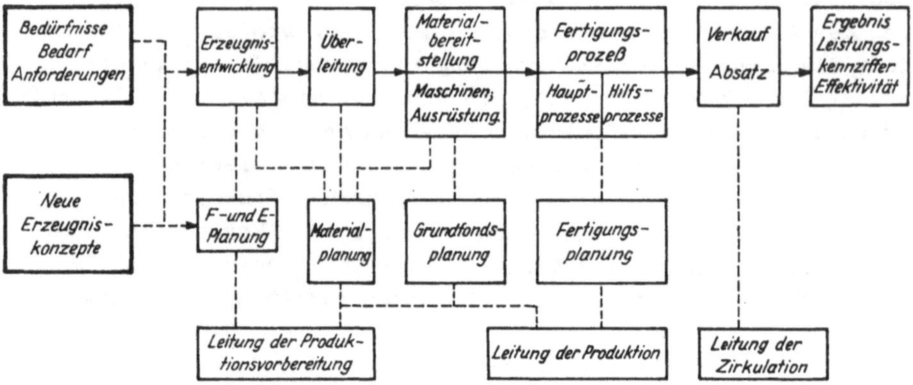

Abbildung 6

Das Verarbeitungssystem oder der betriebliche Reproduktionsprozeß als Objekt des RIVS (CIMS)

Ein solches System wird als Forschungsprojekt von der japanischen Industrie seit 1977 vorangetrieben. Für 1984 ist ein Prototyp geplant. Verantwortlich für dieses Projekt ist das Amt für industrielle Wissenschaft und Technik des Ministeriums für Außenhandel und Industrie.[33] Der Betrieb soll eine Produktionsfläche von 20 000 bis 30 000 m^2 haben, 10 Beschäftigte (statt 700 bis 800 nach dem heutigen Stand der Technologie) werden 2000 verschiedene Teile bis zu 500 kg und etwa 50 Erzeugnisarten in Losgrößen von 1 bis 25 Stück (Getriebekästen, hydraulische Motoren, Spindelköpfe) aus 400 Materialien und Werkstoffen herstellen. Die Investitionskosten werden mit 40 Mrd. Yen (etwa 280 Mill. M) beziffert. Es war geplant, den Bau Ende 1982 abzuschließen. Das Ausrüstungskonzept besteht in Fertigungszellen der Gruppenbearbeitung, die aus Modulen bestehen, welche zu verschiedenen Maschinenkonfigurationen oder Metamorphosemaschinen zusammengesetzt werden können.[34]

Jede dieser Konfigurationen wird durch einen eingebauten Mini- oder Mikrocomputer gesteuert. Die Fertigungszelle ist fähig zur Selbstdiagnose und Selbstreparatur. Als Arbeitsstationen sind

Trennen, Teilebearbeitung, Montage, Laserbearbeitung und Qualitätskontrolle vorgesehen. Der gesamte Betrieb wird durch einen Zentralrechner gesteuert. Die Lebensdauer der Module ist weit höher als die Anwendungsdauer der Maschinenkonfigurationen für bestimmte Erzeugnistypen.

Die japanische Herausforderung beunruhigt die USA-Industrie und ihre Lobby im amerikanischen Kongreß. Dem Kongreß wurde daher im März 1982 ein Projektvorschlag für eine systemanalytische Studie über "Informationstechnologie, Automatisierung und Arbeitsplatz" überreicht.[35] Sie soll in 18 Monaten mit einem Aufwand von 555 000 Dollar ausgearbeitet werden. Das zeigt, welche Bedeutung das amerikanische Monopolkapital dieser strategischen Entwicklungsrichtung der Produktivkräfte beimißt. Insbesondere ist man an den Aspekten des Produktivitätswachstums, der Wettbewerbsfähigkeit der amerikanischen Industrie, der Beschäftigungsfolgen und der ins Haus stehenden Strukturveränderungen der Industrie interessiert. Die BRD hatte Anfang der siebziger Jahre einen Rückstand gegenüber der DDR auf dem Gebiet der integrierten Fertigungssysteme.[36] Kaum ein Unternehmen war bereit, die hohen Kosten dieser Innovation zu übernehmen. Inzwischen hat sich das Tempo auf dem Gebiet der Automatisierung in der BRD erheblich beschleunigt. Tabelle 2 zeigt das indirekt über den Anteil der Beratungsfirmen für Automatisierung. Nach einer Studie des IFO-Instituts für Wirtschaftsforschung in München[37] wird sich 1981 bis 1983 das Automatisierungstempo in der Industrie der BRD beschleunigen, und zwar in starkem Maße in den Zweigen der serienmäßigen Stückgutfertigung, wie Maschinenbau, Eisen-, Blech- und Metallverarbeitung, Feinmechanik/Optik u.a., aber auch auf neuem Niveau in der modeabhängigen Industrie.

Tabelle 3 zeigt die Entwicklung nach drei Industriezweigen und neun betrieblichen Funktionsbereichen in der BRD, die von der Tendenz her auch bedeutsam für die Konsumgüterbranche ist.

In Tabelle 4 werden für den Maschinenbau die Funktionsbereiche weiter nach Arbeitsaufgaben unterteilt. Das so dargestellte Automatisierungsprofil der 192 Betriebe für 1976 bis 1978 und 1985 ist sehr aufschlußreich. Es zeigt, daß alle informationellen Arbeitsaufgaben beschleunigt automatisiert werden.

Tabelle 2

Anzahl der Beratungsfirmen der BRD auf den Gebieten EDV und Automatisierung+ (Nur Firmen, die bis zur Gegenwart weiterbestehen)

Jahr	EDV-Beratung Anzahl	Darunter für Automatisierung der Entwicklung und Produktion Anzahl	Prozent
1952	1		
53	1		
54	1		
1955	1		
56	1		
57	2	1	
58	4	1	
59	6	1	
1960	7	1	
61	9	1	
62	13	1	
63	13	1	
64	17	1	
1965	19	1	
66	22	1	
67	26	1	
68	28	1	3,6
69	45	3	6,7
1970	59	4	6,8
71	68	6	8,8
72	73	8	11,0
73	81	9	11,1
74	87	10	11,5
1975	92	11	12,0
76	94	11	11,7
77	96	12	12,5
78	104	14	13,5
79	111	15	13,5
1980	122	19	15,6
81	128	21	16,4

+ Berechnet anhand der Liste der gegenwärtig vorhandenen DV-Berater in der BRD Computerwoche Nr. 39 vom 24.9.1982, S. 20-25.

Tabelle 3

Automatisierungstendenzen in betrieblichen Funktionsbereichen des Maschinenbaus, der Elektrotechnik und des Straßenfahrzeugbaus 1978 - 1983 in der Industrie der BRD
- Salden a) in %, Angaben gewichtet mit den Investitionen -

Funktionsbereiche	Maschinenbau		Elektrotechnik		Straßenfahrzeugbau	
	1978-1980	1981-1983	1978-1980	1981-1983	1978-1980	1981-1983
Entwicklung und Konstruktion	- 18	+ 48	+ 35	+ 52	+ 66	+ 33
Materialwirtschaft	- 5	+ 33	+ 9	+ 16	+ 16	+ 52
Fertigungsplanung	- 12	+ 44	+ 5	- 6	- 1	+ 27
Fertigungssteuerung	+ 12	+ 38	+ 10	+ 18	+ 8	+ 80
Fertigung	+ 56	+ 50	+ 73	+ 44	+ 39	+ 77
Transport	- 19	+ 8	- 6	- 1	+ 1	+ 44
Lager	+ 21	+ 30	+ 20	+ 10	+ 9	+ 47
Vertrieb	- 19	+ 26	- 2	+ 4	+ 2	+ 32
Verwaltung	- 9	+ 28	+ 24	+ 19	- 40	+ 24
Insgesamt	+ 2	+ 34	+ 19	+ 18	+ 11	+ 46

a) Für 1978-1980: Plus- (Minus-)Werte bedeuten, daß die Automatisierungs-Investitionen per Saldo "erheblich" ("gering") waren.

Für 1981-1983: Plus- (Minus-)Werte bedeuten, daß die Automatisierungs-Investitionen gegenüber 1978 bis 1980 zunehmen (abnehmen) werden.

Die Tabelle 5 gibt einen Einblick in die konkreten Automatisierungsmotive der Unternehmen. Danach steht praktisch die Verkürzung der Reproduktionszeit und die Beschleunigung des Umschlags des Kapitals in der verarbeitenden Industrie an erster Stelle. Das widerspiegelt sich im ersten Platz des Motivs "Steigerung der Flexibilität der Produktion". Die technische Grundlage für diese Entwicklung ist die flexible Automatisierung auf Basis der Mikroelektronik.

Tabelle 4

Automatisierung und Rationalisierung von Arbeitsaufgaben durch den Einsatz von "Datentechnik" im Maschinenbau der BRD+
- Angaben in % der Betriebe; Mehrfachnennungen möglich -

Arbeitsaufgaben nach betrieblichen Funktionsbereichen	Einsatz der "Datentechnik" erfolgt(e): 1976-78	1979-80	bis 1985	Stand 1985 (Summe)
Konstruktion/Entwicklung				
computergestütztes				
- Berechnen	21	18	23	62
- Zeichnen	2	7	18	27
- Entwickeln	2	3	13	18
Arbeitsplanung				
Kapazitätsplanung	28	29	28	85
Terminplanung	28	35	28	91
Arbeitssteuerung				
Arbeitsfolgeermittlung	12	17	19	48
Zeitermittlung	15	19	20	54
Werkzeug-/Maschinenauswahl	11	13	15	39
Erstellung von Arbeitsunterlagen	27	29	26	82
Fertigung				
Bearbeitung	32	24	28	84
Werkstückhandhabung	10	8	10	28
Werkzeughandhabung	10	8	10	28
Werkzeug-/Werkstücktransport	9	5	9	23
Messen der Werkstück-/Werkzeuggeometrie	11	8	11	30
Informationsflußsteuerung	10	11	18	39
Materialflußsteuerung	19	20	18	57
Fertigungsüberwachung	19	23	27	69
Montage				
Handhabungsaufgaben	6	5	7	18
Montageplatzverknüpfung	6	4	6	16
Informationsflußsteuerung	6	8	13	27
Materialflußsteuerung	14	17	16	47
Montageüberwachung	11	14	17	42
Lager-/Transportwesen				
Ein-/Auslagerungsfunktion	14	16	18	48
Verteilerfunktion	10	10	14	34
innerbetrieblicher Transport	9	6	10	25

+ Angaben von 192 Betrieben; einschließlich Büromaschinen

Tabelle 5

Automatisierungsmotive in der Industrie der BRD für den Zeitraum 1981 - 1983
- Angaben in % der Meldungen, gewichtet mit den Investitionen; Mehrfachnennungen möglich -

Automatisierungsmotiv	Verarbeitendes Gewerbe	Grundstoff- und Produktionsgütergewerbe	Investitionsgüterproduzierendes Gewerbe	Verbrauchsgüterproduzierendes Gewerbe	Nahrungs- und Genußmittelgewerbe
Verringerung der Bearbeitungs- bzw. Durchlaufzeiten	72	43	84	68	46
Technisch bedingt wegen Veränderung unserer Produkte	28	9	38	12	13
Steigerung der Flexibilität der Produktion	60	37	71	44	42
Verminderung des Ausschusses	34	41	31	40	25
Senkung des Materialverbrauchs	34	50	29	31	35
Senkung des Energieverbrauchs	48	71	39	44	73
Verringerung des Lohnkostenanteils	57	37	63	69	64
Geringere Abhängigkeit vom Fachwissen der Arbeitskräfte durch Aufbereitung und Speicherung des Know-how	7	10	5	12	12
Mangel an Arbeitskräften: quantitativ	9	5	9	11	16
Mangel an Arbeitskräften: qualitativ	12	8	12	23	30
Verringerung der Arbeitsbelastung hinsichtlich Routine und Monotonie	28	23	33	13	14
Verbesserung des Unfallschutzes	32	14	41	14	25
Umweltschutzmaßnahmen: betriebsintern (Hitze, Staub, Lärm etc.)	45	37	51	25	34
Umweltschutzmaßnahmen: betriebsextern	13	20	10	16	36

2.3. Flexible Automatisierung als neue Stufe der Automatisierung auf Basis der Mikroelektronik

Je komplizierter und unregelmäßiger die fertigungstechnischen Anforderungen sind, desto höher wird der für die Automatisierung erforderliche Steuerungs-, Regelungs- und Informationsaufwand. Wenn aber die mit hohem Aufwand realisierten Automatisierungslösungen nicht genügend breit angewandt und ausgelastet werden, sinkt ihre Effektivität. Vor dem Aufkommen des Mikroprozessors gab es Mitte und Ende der sechziger Jahre viele Initiativen auf dem Gebiet der Automatisierung in verschiedenen Industrieländern. Japan, die UdSSR und die USA bauten die ersten Roboter; in Schweden und der DDR entstanden die ersten integrierten Fertigungssysteme. Aber alle diese Innovationen blieben im sogenannten Einführungsstadium, in dem das Neue noch nicht breit angewandt wird, weil seine Effektivität noch unterdurchschnittlich ist. Andere schon in der Ausbreitung befindliche Innovationen, wie die numerisch kontrollierten Werkzeugmaschinen, setzten sich nur mit starker Verzögerung durch. Das zeigen Abbildung 7 und Tabelle 6 ganz deutlich am Beispiel der USA. Mit der rasanten Ausbreitung und den phantastisch anmutenden Raten der Preissenkung des Mikroprozessors änderte sich die gesamte Landschaft der Automatisierung ab Mitte der siebziger Jahre schlagartig. Die Mikroelektronik führte zu einer bedeutenden Senkung des Steuerungs-, Regelungs- und Informationsaufwandes, den Aufgaben der flexiblen Automatisierung verlangen. Selbst hervorgerufen bzw. stimuliert durch das verstärkte gesellschaftliche Bedürfnis nach produktiveren Lösungen, führte die Mikroelektronik mit sich überstürzendem Preisfall zu einer Neubewertung jener neuen wissenschaftlich-technischen Lösungen der flexiblen Automatisierung, die noch im Schoße der klassischen Etappe der Automatisierung der Massenproduktion entstanden waren: die NC-Maschine, der Industrieroboter (IR) und das flexible Fertigungssystem.

Bedeutung und Dimension der flexiblen Automatisierung als einer neuen Stufe der Automatisierung wurden zunächst nicht ohne weiteres verstanden. Nicht selten konnte man die Frage hören, ob denn das Attribut "flexibel" überhaupt so wichtig sei. Automatische Informationsverarbeitung und Computerisierung seien doch mindestens ebenso wichtige Eigenschaften dieser neuen Stufe der

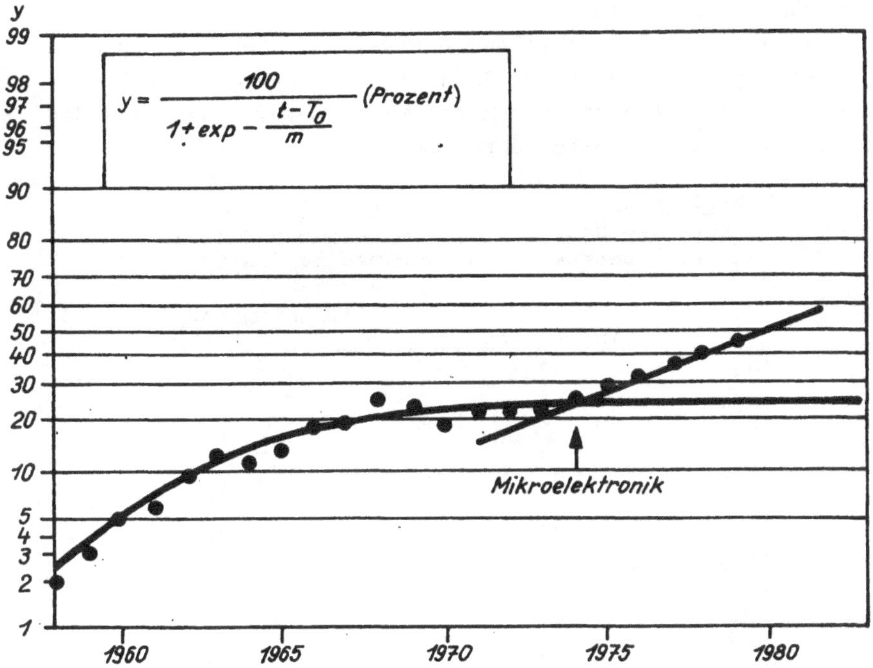

Abbildung 7
Anteil der NC-Maschinen am gesamten Umsatz von Metallbearbeitungsmaschinen in den USA

Automatisierung.

Wir haben bereits dargestellt, welch enger Zusammenhang zwischen der Entwicklung der Automatisierung, der Rechentechnik und der technischen Kommunikation besteht. Man darf jedoch die spezifische Funktion der Automatisierung im System der Produktivkräfte nicht übersehen. Es geht um die Herstellung von Erzeugnissen und Dienstleistungen bei immer effektiverer Substitution technischer - physischer wie geistiger - Arbeitsfunktionen des Menschen durch selbsttätige Geräte, Maschinen und Anlagen. Dabei sind historisch gesehen verschiedene Etappen der Automatisierung unterscheidbar:

- die sporadische Anwendung selbsttätiger Geräte vor der ersten industriellen Revolution,

- die Automatisierung einzelner Geräte, Maschinen und Anlagen für Fließprozesse seit der industriellen Revolution,
- die komplexe Automatisierung von Maschinensystemen seit den fünfziger Jahren dieses Jahrhunderts.

Tabelle 6

Anteile der NC-Maschinen am gesamten Umsatz von Metallbearbeitungsmaschinen in den USA

Jahr	Anteil F in Prozent	Diffusionsrate F / 1-F
1958	2	.02
1959	3	.03
1960	5	.05
1961	6	.06
1962	9	.10
1963	12	.14
1964	11	.12
1965	14	.16
1966	18	.22
1967	19	.23
1968	25	.33
1969	23	.30
1970	18	.22
1971	21	.27
1972	21	.27
1973	21	.27
1974	25	.33
1975	28	.39
1976	32	.47

Für alle bisherigen Etappen der Automatisierung war das Prinzip der Einzwecklösungen charakteristisch. Die Automatisierung dominierte in der Massen- und Großserienfertigung. Mehrzwecklösungen für ein wechselndes Sortiment kleiner Serien wären viel zu aufwendig gewesen.

Wie wir bereits erwähnt haben, stößt die traditionelle Einzweckautomatisierung an Sättigungsgrenzen in bezug auf den weiter erreichbaren Zuwachs der Produktivität und Effektivität.

Dies aber hängt mit einer anderen Eigenschaft der modernen Produktivkräfte zusammen. Der Erzeugnisfortschritt hat sich enorm beschleunigt und führt tendenziell zur Entwertung der für die Erzeugnisse spezifisch eingesetzten Arbeitsmittel. Je mehr das Arbeitsmittel einzweckgebunden, d.h. inflexibel ist, desto stärker unterliegt es der moralischen Veraltung. Die modernen Arbeitsmittelsysteme werden aber immer aufwendiger. Also steigen die Verluste aus der Entwertung doppelt: einmal wegen des beschleunigten Erzeugnisfortschritts und zum anderen wegen der höheren Kompliziertheit und Komplexität der Maschinensysteme. Man rechnet bei spezialmechanisierten Schweißtransferstraßen mit einem Wertverlust von 60 Prozent nach einer Umstellung, bei einer Roboteranlage mit weniger als 30 Prozent. Freilich treten die Verluste oft erst in der Zukunft auf und äußern sich u.a. in der Nichtabsetzbarkeit von veralteten Erzeugnissen, in Exporteinbußen etc. Dagegen sind flexible Lösungen aufwendiger als nichtflexible, wobei dieser höhere Aufwand in der Gegenwart und nicht erst in der Zukunft auftritt. Je knapper die Investitionen und je niedriger die mögliche Investitionsrate, desto mehr werden Einzwecklösungen bevorzugt, die über kurze Zeiträume höhere relative Erträge als die flexiblen Lösungen bringen, aber die Gefahr der plötzlichen Entwertung der Anlage, der Produkte und Verfahren in sich bergen. Es ist daher ökonomisch gesehen kein Zufall, daß die flexible Automatisierung vor allem in den d y n a m i s c h s t e n Zweigen beginnt, die sich durch ein schnelles Produktions- und Effektivitätswachstum auszeichnen.

Unter flexibler Automatisierung versteht man die Automatisierung von Prozessen zur Herstellung einer schnell wechselnden Erzeugnisnomenklatur mit geringer und mittlerer Auftragsgröße durch rechnergestützte Kopplung von Modulen (numerisch gesteuerte Bearbeitungseinheit mit flexiblen Robotern zur Handhabung des Arbeitsgegenstandes und der Werkzeuge), mit automatischen Transport- und Lagereinrichtungen sowie rechnergestützter Qualitätskontrolle, Produktionslenkung und Produktionsvorbereitung mit dem Ziel der überdurchschnittlichen Erhöhung der Neuwertschöpfung und Produktivität, der entschiedenen Senkung der Auftragsdurchlaufzeiten und der erhöhten Reaktionsfähigkeit bei veränderten Bedarfs- und Markterfordernissen.

Natürlich werden auch künftig verschiedene Typen der Automatisierung entwickelt werden, die jeweils einen bestimmten Kompromiß zwischen Produktivität und Flexibilität darstellen. Die Einsatzbereiche der verschiedenen Automatisierungstypen überschneiden sich, wie in Abbildung 8 dargestellt.

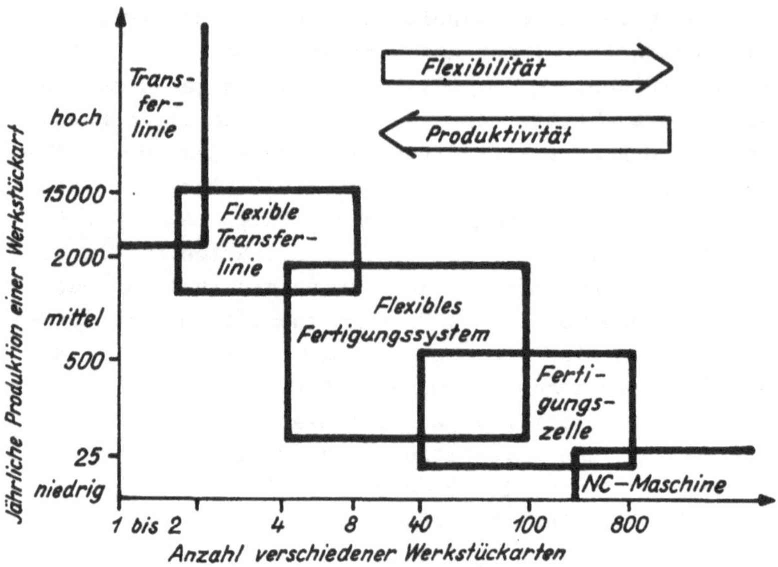

Abbildung 8

Anwendungsbreite verschiedener Typen der Automatisierung in der metallverarbeitenden Industrie

Die flexible Automatisierung stützt sich auf grundlegende Entwicklungen oder Basisinnovationen der letzten drei Jahrzehnte: NC-Maschinen, rechnergestützte Entwicklung und Fertigung, prozeßflexible Roboter und integrierte Fertigungssysteme. Alle diese Elemente entstanden inmitten der traditionellen Einzweckautomatisierung, sie waren also nicht von vornherein auf hohe Flexibilität angelegt. Der für wechselnde Aufgaben erforderliche erhebliche Aufwand an Steuerungselektrik und später -elektronik hemmte die Ausbreitung dieser Neuerungen in ihrer Einführungsphase erheblich.

Seit 1972 sind diese Basisinnovationen der flexiblen Automatisierung aus der Einführungsphase in die Phase des schnellen Wachstums eingetreten (Tabelle 7). Die Mikroelektronik hat also die Einführungsperiode grundlegender Neuerungen wesentlich verkürzt, in unserem Falle von 17 auf 3 Jahre. Das hängt damit zusammen, daß der Aufwand für die Steuerung und Regelung von 40

Tabelle 7

Die Entwicklung von Elementen der flexiblen Automatisierung nach Innovationsphasen

Lfd. Nr.	Element der FA	Kommerzielle Einführung Jahr	Beginn des schnellen Wachstums Jahr	Einführungsperiode in Jahren	Jährl. Wachstumsrate in der Welt 1971-1980 %	Jährl. gesch. Wachstumsrate in der Welt 1980-90 %
1	NC-Maschinen mit Lochbandsteuerung	1955	1972	17	15	5-10
2	Roboter	1962	1972	10	44	25-30
3	Rechnergestützte Entwicklung (CAD)	1965	1972	7	69	40-50
4	NC-Maschinen mit Minicomputern (CNC)	1969	1972	3	56	40-45
5	Rechnergestützte Fertigung (CAM, DNC), d.h., eine Gruppe von NC- und/oder CNC-Maschinen wird von einem Computer gesteuert	1967	1972	5	40	30-35
6	Flexible Fertigungssysteme (DNC und automatisierter Transport)	1969	1972	3	30	35-45

bis 50 Prozent auf 10 bis 20 Prozent reduziert werden konnte.[38]

Aus der Tabelle 7 geht hervor, daß die rechnergestützte Entwicklung und Fertigung derzeit die höchsten Wachstumsraten unter den die flexible Automatisierung konstituierenden Elementen aufweist.

2.4. Grundelemente der flexiblen Automatisierung

Zu den Elementen der flexiblen Automatisierung gehören:

1. die bereits 1955 erstmalig kommerziell eingeführte numerisch

gesteuerte Werkzeugmaschine, deren Durchbruch zur schnellen Ausbreitung erst nach dem Einsatz des Mikroprozessors erfolgte;
2. der flexible freiprogrammierbare Industrieroboter, der erstmalig 1962 kommerziell eingeführt wurde, jedoch ebenfalls erst mit der Mikroelektronik seine schnelle Ausbreitung begann;
3. die flexiblen Fertigungssysteme (Flexible Manufacturing System), d.h. rechnergesteuerte Kombinationen von Bearbeitungseinheiten und Robotern mit Transporteinrichtungen für Werkstückbewegung und Werkzeugwechsel;
4. rechnergesteuerte betriebliche Transport- und Lagersysteme einschließlich Disposition (Logistik);
5. rechnergestützte Systeme der Qualitätssicherung (Computer-aided Quality Control CAQ);
6. rechnergestützte Entwicklung, Projektierung und Konstruktion (Computer-aided Design CAD);
7. rechnergestützte Planung und Bilanzierung (Computer-aided Planning CAP).
Neben diesen sieben Elementen gibt es in der Praxis verschiedene Kombinationen. So versteht man unter rechnergestützter Fertigung die Kopplung flexibler Fertigungssysteme mit rechnergestützten betrieblichen Systemen des Transports und Lagerwesens sowie der Qualitätssicherung.

Die rechnergestützte Produktionsvorbereitung (Computer-aided Engineering CAE) umfaßt die rechnergestützte Entwicklung sowie Planung und Bilanzierung.

Manche Systeme der rechnergestützten Produktionsvorbereitung sind bereits mit Teilen der Fertigung gekoppelt.

Am rechnergestützten Produktionssystem (Computer-integrated Manufacturing System CIMS), das Produktionsvorbereitung und Fertigung mit hoher Flexibilität und Komplexität erfaßt, wird in vielen Industrieländern intensiv gearbeitet. Dazu bemerkt P. Beljanin: "Die höchste Stufe der Automatisierung ist die flexible automatisierte Produktion (einer Abteilung, eines Betriebes), die aus zwei oder mehreren miteinander gekoppelten flexiblen Fertigungskomplexen besteht. Dazu gibt es nur einen Weg - die volle Automatisierung der Ingenieurarbeit und der Fertigung auf allen Ebenen, in deren Ergebnis die Produktion die Eigenschaft einer hohen Flexibilität und Effektivität erhält ...

Flexibilität der Produktion - das heißt höchste Konkurrenzfähigkeit und Erzeugnisproduktivität."[39]

In Abbildung 9 sind die wichtigsten Elemente der flexiblen Automatisierung dargestellt. Sie haben in der Vergangenheit verschiedene Entwicklungsstufen durchlaufen. So wurde die 1. Generation von NC-Maschinen mit Hilfe von Lochstreifen gesteuert, die 2. Generation (NC) wurde zuerst mit einem Kleinrechner und dann mit Hilfe eines Mikroprozessors gesteuert, und die 3. Gene-

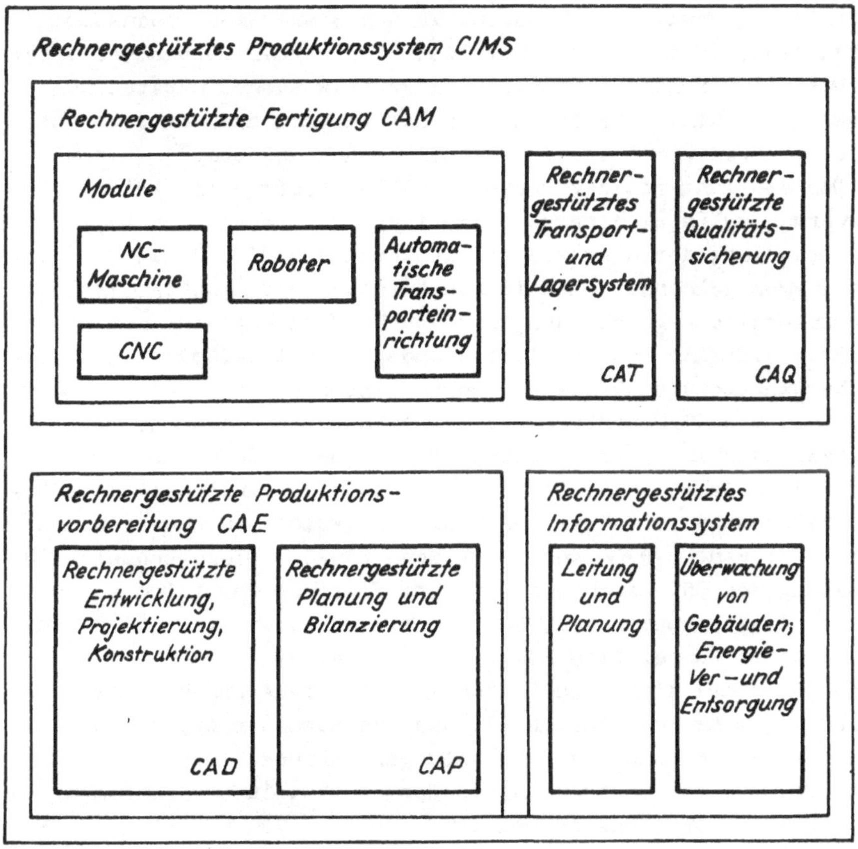

Abbildung 9
Elemente der flexiblen Automatisierung

ration von NC-Maschinen besteht darin, daß sie von einem Rechner zu einem Maschinensystem zusammengeschlossen werden (DNC).

Wie bereits erwähnt, existieren die einzelnen Elemente der flexiblen Automatisierung (FA) - wie die NC-Werkzeugmaschine (1955), der Industrieroboter (1962) und flexible Fertigungssysteme (1965) - seit vielen Jahren. Aber erst die Mikroelektronik war in der Lage, ihre dynamische Effektivität wesentlich zu erhöhen und sie zu einem System zusammenzuschließen und so die Produktivität auf Gebieten zu erhöhen, die bisher für die Automatisierung unzugänglich waren. In der bisherigen Produktion waren diese Grundelemente nur lose miteinander verbundene Inseln.

Die mit der konventionellen Elektronik ausgestatteten NC-Werkzeugmaschinen breiteten sich nur langsam aus, da sich ihre relative Effektivität nicht schnell genug erhöhte.[40]

Der Übergang von der konventionellen (festverdrahteten) NC-Steuerung zu (speicherprogrammierten) CNC-Steuerungen begann auf der Grundlage der Mikroelektronik bereits 1972 und ist 1975 voll zum Tragen gekommen. Dies führte zu einer sprunghaften Erhöhung der Ausbreitungsgeschwindigkeit von NC-Werkzeugmaschinen. Ab 1975 erhöhte sich ihr Bestand in führenden Industrieländern mit einer Wachstumsrate von 35 bis 40 Prozent, so daß sich hier ihr Bestand von 1975 bis 1980 versechsfachte. 1980 war der Zuwachs an NC-Werkzeugmaschinen, zum Beispiel in der BRD, höher als der gesamte Bestand im Jahre 1974. Hierbei erhöhte sich der Anteil der CNC-Werkzeugmaschinen an der gesamten Produktion von NC-Maschinen von 20 Prozent (1976) auf 90 Prozent (1979). Diese schnelle Ausbreitung von CNC-Maschinen hat ihre Ursachen vor allem in dem hohen Effizienzpotential, das für sie durch die Mikroelektronik erschlossen wurde. Dies zeigt sich vor allem

- in den stark sinkenden Kosten für die Steuerungshardware und den sinkenden Kosten für die Gesamtsteuerung,
- in der Ausweitung des Bearbeitungsspektrums,
- im Wegfall von Bearbeitungsvorgängen bzw. in der Zusammenfassung von Bearbeitungsvorgängen,
- durch höhere Flexibilität, Vereinfachung des Rüstvorganges und Wegfall von Rüstvorgängen,
- durch automatischen Werkzeug- und Werkstückwechsel,
- durch höhere Maschinenleistung und intensivere Auslastung,

- durch Qualitätsverbesserung,
- beim Optimieren und Korrigieren der Programme durch die Bediener der CNC-Werkzeugmaschine.

Die genannten Vorzüge der CNC-Maschine können aber erst voll zum Tragen kommen, wenn diese in ein rechnergesteuertes System der flexiblen Fertigung integriert werden kann.

Erst hierdurch wird es möglich, die Auslastungszeit der NC-Maschine wesentlich zu erhöhen und den Materialkreislauf zu rationalisieren. Im Rahmen der traditionellen Produktionssysteme lag die Auslastung der NC-Maschinen bei 50 Prozent, wobei eine Auslastung von 95 Prozent technologisch möglich war. Die Integration der NC-Maschine in die flexible Fertigung ermöglicht eine weitestgehende Annäherung der tatsächlichen Auslastung an den technologisch möglichen Wert. Im traditionellen Produktionssystem verbrachte das Werkstück 95 Prozent und mehr seiner Lebenszeit, d.h. bis zu seiner Umwandlung in ein Zwischen- oder Endprodukt, im Lager oder vor der Werkzeugmaschine. Nur knapp 5 Prozent war es auf der Maschine, wobei 1/3 dieser 5 Prozent die reine Bearbeitungszeit ausmachte. Die flexible Automatisierung erlaubt eine wesentliche Beschleunigung des ökonomischen Kreislaufs der Werkstücke und eine wesentliche Einsparung an Produktionsraum und Senkung der Materialintensität der Produktion. Welche enormen Möglichkeiten der Erhöhung der Nutzungszeit der Produktionsgrundfonds durch die flexible Automatisierung bei kleineren und mittleren Losgrößen eröffnet werden, zeigt die Abbildung 10.

Flexible Fertigungssysteme sind das integrierende 3. Element der flexiblen Automatisierung, das die NC-Maschinen und die Industrieroboter zum System der flexiblen Automatisierung zusammenschließt. Die erste Generation von flexiblen Fertigungssystemen wurde 1965 in der Flugzeugindustrie eingeführt, die als integriertes System nicht nur Werkstückbearbeitung, sondern auch so unterschiedliche Tätigkeiten wie Säubern, Färben und Antikorrosionsbehandlung einschloß. Im Unterschied zu vollautomatisierten Fertigungssystemen ist die flexible Automatisierung mehr eine automatisierte Werkstatt als eine automatisierte Fabrik. Ihre hervorstechendste Eigenschaft ist, daß sie in kleineren und mittleren Serien sehr unterschiedliche Produkte produziert und daß die Umstellung dieses Systems auf die Herstellung neuer Produkte we-

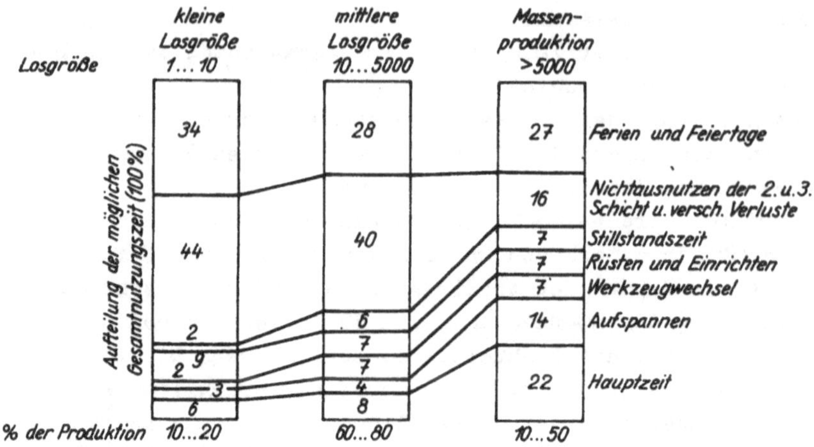

Abbildung 10

Aufteilung der möglichen Gesamtnutzungszeit von Werkzeugmaschinen bei kleinen und mittleren Losgrößen sowie der Massenproduktion

sentlich niedrigere Kosten verursacht als bei der traditionellen Form der Automatisierung. Hierdurch ist es möglich, hochinnovative Erzeugnisse mit großer dynamischer Effektivität, mit geringem Einführungsaufwand und einem ökonomisch angemessenen Volumen zu produzieren.

Die zweite Generation von flexibler Fertigung beruht auf einem computergesteuerten Fertigungssystem (CCMS). Hier ordnet der Rechner die Kommunikation und das Zusammenwirken von Maschinen und den Robotern in optimaler Weise, er speichert die einzelnen Ablaufprogramme und ermöglicht den problemlosen Übergang von einem Programm zum anderen.

Bei der dritten Generation, den computerintegrierten Fertigungssystemen (CIMS), übt der Computer die volle Kontrolle über das Fertigungssystem aus, reagiert selbständig auf Störungen und behebt einen großen Teil ihrer Ursachen. Dies schließt die Qualitätskontrolle der Erzeugnisse und die Aussonderung des dem gesetzten Qualitätsnormativ nicht entsprechenden Teils der Produktion ein. Wichtig ist, daß hier die Qualitätskontrolle nach jedem Arbeitsschritt einsetzt, so daß die Aussonderung sofort nach dem

Auftreten der ersten Abweichung vom Normativ erfolgt und nicht erst am Ende des Fertigungsprozesses (Abbildung 11). Dies führt faktisch zur Fertigungsstätte, wo nur gelegentlich Arbeitskräfte zur Reparatur und Wartung anwesend sind. Abbildung 12 zeigt das Schema eines flexiblen Fertigungssystems (FMS). Es ist normalerweise aus einzelnen selbständigen und beliebig erweiterbaren Fertigungszellen zusammengesetzt. Jede Fertigungszelle besteht aus einer NC-Maschine, einem Industrieroboter, Positionierungs-

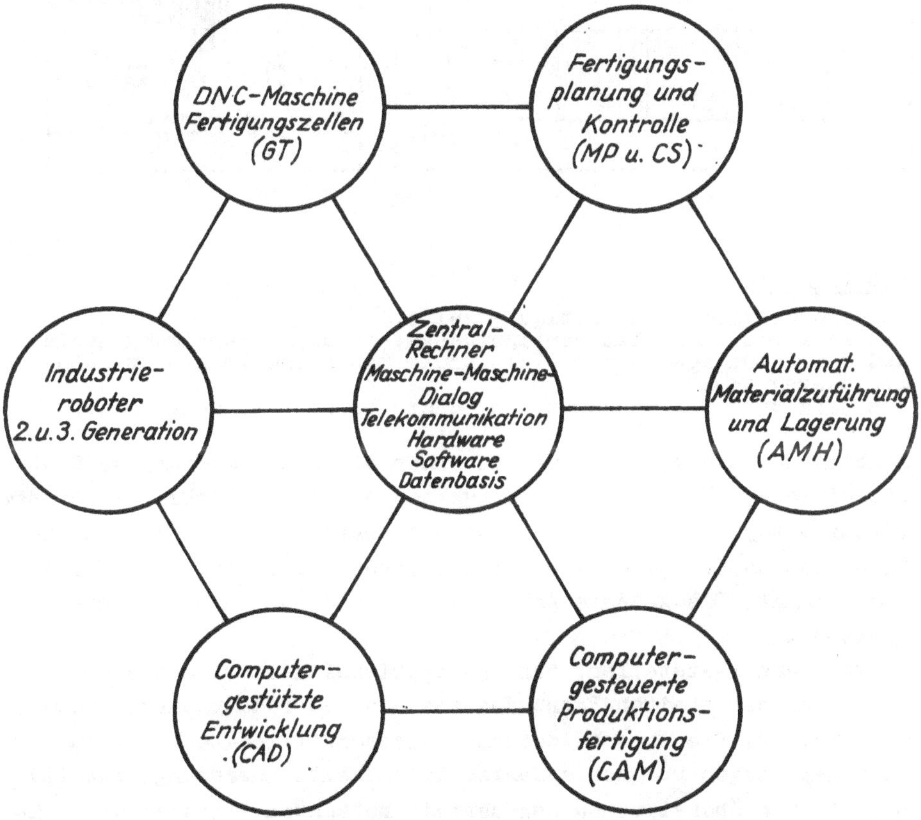

<u>Abbildung 11</u>
Computerintegriertes Fertigungssystem

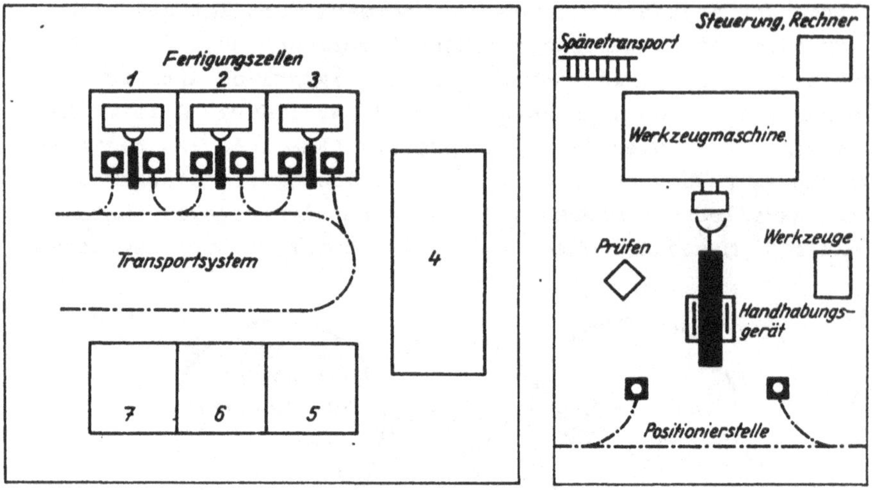

Abbildung 12

Fertigungssystem und Fertigungszelle.
Schema eines flexiblen Fertigungssystems aus 7 Fertigungszellen und Handhabungsgeräten in Verbindung mit neuem Transport- und Speichersystem.
Die Zeichnung rechts zeigt das Schema einer Fertigungszelle.

einrichtungen u.a. Sie wird von einer eigenen Steuerung geführt. Die einzelnen Fertigungszellen werden mit einem Verkettungssystem (Transportsystem) verbunden, das die Werkstücke einzeln oder in Magazinen an die jeweilige Positionierungseinrichtung/Maschine heranbringt. Die gesamte Anlage wird von einem Zentralrechner gesteuert.

Man kann feststellen, daß international die Automatisierung jetzt auf der breiten Front des gesamten Reproduktionszyklus voranschreitet. Die entscheidenden wissenschaftlich-technischen Lösungen liegen vor und erfahren eine breite Anwendung. Tabelle 8 gibt eine Übersicht zu den derzeit bekannten wissenschaftlich-technischen Lösungen der flexiblen Automatisierung im Spannungsfeld zwischen Bedürfnissen und wissenschaftlichem Vorlauf.

Integrierte Lösungen, die über die genannten einzelnen Elemente hinausgehen, sind anspruchsvoll und erfordern hohe Aufwendungen. Sie bringen aber auf die Dauer beträchtliche Produktivi-

Tabelle 8

Übersicht zu den wichtigsten wissenschaftlich-technischen Lösungen der flexiblen Automatisierung im Spannungsfeld zwischen Bedürfnissen und wissenschaftlichem Vorlauf

Gebiete des wissenschaftlichen Vorlaufs →	Wissenschaftlich-technische Lösungen der flexiblen Automatisierung	← Gesellschaftliche Bedürfnisse
EDV Mikrorechner	Rechnergestützte Entwicklung CAD	Höheres Tempo der Erzeugnisneuerung
Leistungsfähige Datenspeicherung	Rechnerunterstützte Fertigung CAM	Material- und Energieverteuerung
Datenkommunikationssysteme	Rechnergestützte Entwicklung und Fertigung CAD/CAM	Zu lange Umschlagszeiten, verursacht durch die traditionellen Leistungs- und Informationsmethoden
Sensoren und Aktuatoren	Roboter	Wachsende Qualifikation
Maschinelle Zeichenzuerkennung	NC-Maschinen	
Sprachlicher Input und Output für Maschinen	Automatisierte Bestandshaltung ASRS	
Rechnergraphik	Flexible Fertigungssysteme FMS	
	Menschenlose Fabrik UF	

tätsgewinne. Erich Honecker betonte: "Ökonomischer Erfolg erfordert, über Einzelbeispiele hinaus zu gelangen, die durchgängige Automatisierung ganzer Fertigungsabschnitte und Betriebsabteilungen zu projektieren, dafür den technischen Prozeß zu gestalten und die Roboter einzusetzen. Wir erwarten, daß einige solcher Lösungen binnen Jahresfrist, möglichst aber in noch kürzerer Zeit realisiert werden. Wenn wir so vorgehen, dann schaffen wir die Zukunft unserer modernen Industrie auf vielen Gebieten. Das betrifft auch die Verallgemeinerung von Erfahrungen beim Einsatz der elektronischen Datenverarbeitung in der Konstruktion, in der technischen Vorbereitung und Steuerung der Produktion.

International sind Entwicklungen im Gange, Aufgaben der Projektierung und Konstruktion, für die sonst Jahre angesetzt werden, in Monaten zu erledigen. Damit müssen wir Schritt halten, wenn wir ständig neueste Erzeugnisse anbieten und auf die Erfordernisse des Weltmarktes beweglich reagieren wollen. Es gilt jetzt, die Projekte genau zu bestimmen, die den größten Nutzen versprechen, und sie schnell zu realisieren. <u>Das kann man nicht einzelnen Betrieben, mitunter nicht einmal einzelnen Kombinaten überlassen. Hier handelt es sich um strategische Fragen ...</u>"[41] (Hervorhebung d.Verf.)

Bei der Realisierung der Wirtschaftsstrategie des X. Parteitages der SED kommt daher der Schaffung und ökonomischen Nutzung von Produktionseinheiten der flexiblen Automatisierung ein hoher Stellenwert zu. Eine entscheidende Voraussetzung hierzu ist eine hochleistungsfähige Halbleitertechnik. So soll in der Zeit von 1981 bis 1985 die Produktion von hochintegrierten Schaltkreisen sich jährlich um 25% erhöhen. Gegenwärtig existieren in der DDR sieben flexible Fertigungssysteme (1983). Der Weltstand umfaßt ca. 130 Systeme, wobei Japan mit 44 den höchsten Anteil hat. Bis 1986 soll sich die Zahl in der DDR auf 19 erhöhen. Dies ist ein jährliches Wachstum von 40%. Außer dieser höchsten Form der flexiblen Automatisierung sollen jährlich einige hundert flexible Fertigungszellen und ca. hundert integrierte, gegenstandsspezialisierte Fertigungsabschnitte hergestellt werden.[42]

Die betrieblichen Bereiche, deren Informationsfluß zu integrieren ist, sind

1. Entwicklung und Konstruktion (einschließlich Modell- bzw.

Sortimentsentwicklung)
2. Bestandshaltung für Material, Teile usw.
3. Kapazitätsplanung
4. Transport und Beschickungsaufgaben
5. Fertigungslenkung, z.B. über alle Stufen von der Teileherstellung bis zur Endfertigung

In allen diesen Bereichen müssen Erfahrungen der Anwendung von EDV vorliegen, bevor an weitergehende effektive Lösungen herangegangen werden kann.

Einige Bemerkungen sind noch zum Flexibilitätsbegriff erforderlich. Er wird sehr unterschiedlich interpretiert. So bezeichnet Garscha als Flexibilität die "Fähigkeit, schnell ... auf ... Veränderungen der Reproduktionsbedingungen und -ziele so zu reagieren, daß eine reale Erhöhung der volkswirtschaftlichen Effektivität erreicht wird oder mögliche negative Wirkungen verhindert werden".[43] Hier wird die Flexibilität als Adaptionsfähigkeit des Reproduktionsprozesses im umfassenden Sinne gesehen. Diese Adaptionsfähigkeit schließt zwei Komponenten ein: erstens die Realisierung sich ändernder Ziele bei gegebenen Ressourcen (Flexibilität i.e.S.), zweitens die Erfüllung gegebener Ziele bei sich ändernden Ressourcen.

Wenn wir von flexibler Automatisierung sprechen, ist vor allem - wie bereits dargelegt - die auf Grund der Mikroelektronik geschaffene Möglichkeit der Herstellung verschiedener Erzeugnisse mit den gleichen Arbeitsmitteln gemeint. Bisher waren Erzeugnis- und Verfahrensentwicklung eng aneinander gekoppelt, d.h., für ein neues Erzeugnis mußte auch der entsprechende Prozeß entwickelt und realisiert werden. Das zunehmende Tempo der Erzeugnisneuerung geriet jedoch in Widerspruch zur notwendigen Lebens- und Nutzungsdauer der teuren Ausrüstungen. Unter Flexibilität des Reproduktionsprozesses[44] wird daher hier die Fähigkeit verstanden, den Erzeugniswechsel mit dem vorhandenen Arbeitsmittelsystem so zu beherrschen, daß die Umschlagsdauer reduziert und die durchschnittliche Lebensdauer der Ausrüstungen erhöht werden kann. Wir unterscheiden die Flexibilität der Entwicklung, der Fertigung, des Absatzes und der Arbeits- und Wirtschaftsorganisation. Es gibt verschiedene Arten der Fertigungsflexibilität.

Die Sortimentsflexibilität ist die Fähigkeit, ein bestimmtes

Erzeugnissortiment laufend mit dem gleichen Arbeitsmittelsystem herzustellen. Die Sortimentswechselflexibilität ist die Fähigkeit, bei gleichem Arbeitsmittelsystem neue Erzeugnisse einzuführen und alte auszusondern.

Die technische Änderungsflexibilität ist die Fähigkeit, in der Fertigung schnell auf Konstruktionsänderungen zu reagieren. Die Volumenflexibilität ist die Fähigkeit zur Anpassung an ein verändertes Produktionsvolumen. Unter der Entwicklungsflexibilität wird die Fähigkeit verstanden, mit der vorhandenen Entwicklungskapazität solche Entwicklungsaufgaben zu lösen, die zu einem neuen, erneuerten und/oder ergänzten Erzeugnissortiment führen. Die arbeitsorganisatorische Flexibilität betrifft die Änderungen in den Fertigungsprinzipien einschließlich der Disponibilität im Einsatz der Arbeitskräfte. Die wirtschaftsorganisatorische Flexibilität ist die Fähigkeit zu Änderungen der vertikalen Spezialisierung und Kooperation.

Zwischen den verschiedenen Arten der Flexibilität gibt es bestimmte Wechselbeziehungen und Widersprüche. So führt die hohe Fertigungsflexibilität zu einer schnellen Ausdehnung des Kooperationsvolumens für die erforderlichen Materialien und wirkt tendenziell negativ auf die wirtschaftsorganisatorische Flexibilität. Eine hohe Entwicklungsflexibilität kann ohne entsprechende Fertigungsflexibilität nicht ökonomisch wirksam werden.

Ehe wir ausführlich weitere Probleme der flexiblen Automatisierung am Beispiel ihres dritten Elements, dem Industrieroboter, diskutieren, sollen zwei mit der flexiblen Automatisierung verbundene, sie unterstützende und begleitende Entwicklungen genannt werden. Dies ist einmal die Büroautomatisierung und Telekommunikation und zum anderen die rechnergestützte technische Entwicklungsarbeit. Diese unterstützenden Entwicklungen haben eines mit der flexiblen Automatisierung gemeinsam: ihr Herzstück ist die auf der Grundlage der Mikroelektronik arbeitende elektronische Datenverarbeitungsanlage. Dies ist die entscheidende Basis für ihre enge Wechselwirkung. Die Automatisierung des Büros, in dessen Zentrum die elektronische Datenstation auf dem Tisch des Entscheidungsträgers mit Datenspeicherung, Aufbereitung, Verarbeitung und graphischer Darstellung steht, ermöglicht es, ohne Zwischenglieder und zusätzlichen Aufwand die notwendigen Informationen über den Stand der Produktion, die Qualität der Erzeugnisse und den Zustand der Produktionsausrüstungen, den Material- und Energieverbrauch vom Prozeßrechner des flexiblen Fertigungssystems abzurufen und über weite Entfernungen zu übertragen. Damit wird es möglich, zu jedem beliebigen Zeitpunkt die notwendigen Informationen über den Stand der Produktion zu erhalten und sie auf der Ebene des Betriebes, des Zweiges und der Volkswirtschaft zu aggregieren.

Wer den großen Aufwand kennt, der mit der Beschaffung solcher Informationen heute verbunden ist, dem ist klar, welch ein enormes Effizienzpotential sich hier gerade für die sozialistische Planwirtschaft auftut. Wichtig sind hierbei die Möglichkeiten, die verschiedenen Rechner zu einem Netzwerk über weite Entfernungen miteinander zu verknüpfen.

Die Telekommunikation von Computern macht es möglich, über weite Distanzen Diagnosen von NC-Maschinen und Robotern durchzuführen und die kleinsten Fehler - zum Beispiel lockerer Draht in Teil XY - zu finden. Die Fähigkeit, solche Ferndiagnose durchzuführen, wird schon in den nächsten Jahren ein wichtiger Teil von Service-Leistungen der Produzenten von NC-Maschinen und Robotern sein.

Eine weitere, die flexible Automatisierung unterstützende Entwicklung ist die computergestützte technische Entwicklungsarbeit (CAD). Auch hier ist der Computer das Herzstück einer wissenschaftlich-technischen Neuerung, die eine sprunghafte Steigerung der Effektivität der technischen Entwicklungsarbeiten ermöglicht. Durch den Computer wird es möglich, technische Entwürfe und ihnen zugrunde liegende Daten zu speichern, sie jederzeit abzurufen, sie zu modifizieren und zu aktualisieren. Ingenieurtechnische Erfahrungen können somit sehr schnell objektiviert und verallgemeinert werden. Hierdurch kann die Entwicklungsarbeit sich auf bereits vorhandene Entwürfe stützen, sie problemlos verbessern und sich auf die Erarbeitung notwendiger Veränderungen und die Durchführung neuer Berechnungen konzentrieren. Die Ermittlung von kritischen Parametern, wie Festigkeit, Belastbarkeit, notwendige Elastizität, kann mit minimalem Aufwand vom Computer durchgeführt werden. Gleichzeitig ermöglicht der Computer über ein Netzwerk die Zusammenarbeit an ein und demselben Projekt von

Ingenieuren verschiedener Büros, oftmals Tausende von Kilometern voneinander entfernt. Wie internationale Erfahrungen in der Flugzeug-, Auto-, elektronischen und petrolchemischen Industrie zeigen, hat die Einführung von rechnergestützten Entwicklungsarbeiten dazu geführt, daß die Entwicklungsarbeiten bei neuen Produkten um 40 Prozent gesenkt und damit ein wesentlicher Zeitgewinn bei der Realisierung der dynamischen Effektivität erzielt werden konnten.

3. Industrieroboter und flexible Automatisierung

3.1. Zum internationalen Vergleich und zur Prognose der Ausbreitung prozeßflexibler Industrieroboter

Ein besonders interessantes Element der flexiblen Automatisierung ist zweifellos der Roboter. Die Industrieroboter betraten zuerst 1962 das Feld der Wirtschaft. Zu diesem Zeitpunkt waren sie natürlich noch kein Element der flexiblen Automatisierung. Dies wurde ein Teil der Roboter erst in einem historischen Entwicklungsprozeß ab 1973. Wie bereits dargestellt, sind für einen Roboter, der als Element der flexiblen Automatisierung wirksam werden kann, ganz andere Leistungsparameter notwendig als für Roboter, die im Rahmen der Einzweckautomatisierung eingesetzt werden sollen. Beim Entwurf und der Konstruktion von Robotern, der Festlegung ihrer Leistungsparameter und der Bestimmung des erforderlichen Flexibilitätsgrades ist es daher notwendig, möglichst genau sein Einsatzfeld zu bestimmen, um zu verhindern, daß er entweder über- oder unterfordert wird. Ein Roboter der 2. und 3. Generation im Rahmen der Einzweckautomatisierung ist vergeudete Effektivität, und ein Roboter der 1. Generation im Rahmen der flexiblen Automatisierung ist nur in sehr begrenztem Umfang einsetzbar. Tabelle 9 gibt einen Überblick zur historischen Entwicklung der Robotertechnik.

Eine Prognose der Ausbreitung der Robotertechnik ist mit Schwierigkeiten verknüpft, da viele Faktoren ihren Einsatz bestimmen. Preis-, Lohn- und Produktionsentwicklung sind mit mancherlei Unsicherheiten verbunden. Hinzu kommen Unschärfen der statistischen Ermittlung. Meist werden prozeßflexible Roboter als freiprogrammierbare Geräte, die Bewegungen in mehreren Achsen ausführen können, von einfachen Manipulatoren unterschieden. So hatte Japan 1979 70 000 Industrieroboter, von denen nur 7 000 prozeßflexibel einsetzbar waren. In der DDR waren Ende Mai 1981 7 007 Roboter im Einsatz, von denen 316, also 4,5 Prozent, prozeßflexibel waren.[45]

In Tabelle 10 sind Daten über den Bestand an Industrierobotern der engeren Definition in 10 Ländern und in der Welt insgesamt angeführt. Diese Daten beruhen zumeist auf Befragungen bzw. sehr groben Erhebungen; sie widersprechen sich teilweise in verschie-

Tabelle 9

Historische Daten des Neuerungsprozesses "Industrieroboter"

Jahr	Ereignis
1920	Karel Čapeks Stück RUR Rossum's Universal Robote: 1 Roboter ersetzt 2,5 Arbeitskräfte
1954	Beginn der Roboterentwicklung in den USA
1956	Erstes Roboterpatent (Devol USA)
1958	Erster Prototyp eines Industrieroboters
1960	DDR stellt einen funktionsfähigen Roboter auf der Leipziger Messe aus (Zentralinstitut für Schweißtechnik Halle (Saale))
1961	Erste Industrieroboterinstallation in den USA
1962	Erste kommerzielle Einführung in den USA (Verkauf des ersten Industrieroboters)
1965	Beginn der Entwicklung in Japan
1967	Erster Roboter in Japan installiert
1968	Japan produziert Roboter nach amerikanischer Lizenz (6 Typen) UdSSR produziert erstes Modell eines Unterwasserroboters
1971	UdSSR produziert erste Prototypen von Industrierobotern UM 1, UPK 1, Universal 50
1972	Beginn des staatlichen Roboterprogramms der UdSSR
1973	71 Firmen produzieren Roboter
1974	30 Typen von Robotern in der UdSSR
1977	150 Firmen produzieren 200 Typen von Robotern. Erster einfacher Roboter mit visuellen Fähigkeiten (USA) Erster modular aufgebauter Roboter (Japan) Beginn des Robotereinsatzes in der DDR
1980	Weltbestand: 28 000 prozeßflexible Roboter
1981	UdSSR 100 Robotertypen FANUC (Japan) produziert monatlich 350 Roboter mit 3 Ingenieuren und 70 Robotern.

Tabelle 10

Anzahl freiprogrammierbarer, prozeßflexibler Industrieroboter in 10 Ländern und in der Welt gesamt

Jahr	Welt gesamt	USA	Japan	Schweden	BRD	Frankreich	Großbritannien	Italien	Belgien	UdSSR	DDR
1961	1	1									
1967			1								
1968				30						1	
1969	450	200		50							
1970			161	60							
1971	1 325			75	1						
1972		350	750	100	18						
1973	2 780	850	1 500	164	133	30	50	93		17	
1974	3 700	1 200	1 800	445	243	41	85	111		44	1
1975	5 820	1 800	2 900	600		144	93	162		180	23
1976	9 150	2 500	4 900							421	
1977	11 580	2 800	6 150		525					880	
1978	13 600	3 000	6 600	850	650		147	400		1 556	
1979	20 000	3 200	9 800	1 000	850		207		13	3 720	
1980	28 000	4 370		1 200	1 255	400	371	500	42	5 992	253
1981		5 410	11 000		2 300			600			
1982	38 500	6 250	13 000	1 300	2 500	950	1 150	700	350		
1983											
1984											
1985											

Quellen: Wirtschaftswoche 37 (1982) 15, S. 67; VDI-Nachrichten 45 vom 6.11.1981, S. 4; Die Wirtschaft 12/1982; The Industrial Robot March 1981, S. 32; Sozialistische Industrie (UdSSR) 24.9.1978; Planwirtschaft 7/1977, S. 5.

denen Quellen und können durch den Zeitvergleich einigermaßen verifiziert werden. Dennoch geben sie eine Vorstellung von dem rasanten Entwicklungstempo auf diesem Gebiet.

Eine Vielzahl von Mißverständnissen entsteht dadurch, daß in der Literatur oftmals unterschiedliche Definitionen für den Roboter benutzt werden. Allgemein hat sich eine weite und eine enge Roboterdefinition durchgesetzt. In der international am meisten benutzten engen Definition ist der Roboter ein freistehendes, flexibel programmierbares Handhabungsgerät mit der Fähigkeit zur gleichzeitigen Bewegung innerhalb von mindestens drei Bewegungsfreiheitsgraden (2. und 3. Robotergeneration). In der weiten Definition sind gewöhnlich auch Aufnahme- und Absetzeinheiten (take and place), speziell konstruierte Handhabungsgeräte oder Spezialautomaten aufgenommen (Roboter der 1. Generation).

Abbildung 13 zeigt, daß der flexibel programmierbare Roboter das Ergebnis einer längeren Entwicklungsreihe von Handhabungsgeräten ist, das erst durch die Mikroelektronik möglich geworden ist. Als bestimmendes Element der flexiblen Automatisierung kommt allerdings nur dieser Robotertyp in Betracht. Wir werden uns daher in unseren weiteren Ausführungen vor allem auf ihn konzentrieren, ohne natürlich die Bedeutung der anderen Robotertypen in Frage stellen zu wollen.

In Japan, wo eine Offensivstrategie in der Roboterproduktion verfolgt wird, unterscheidet man sechs Robotertypen:

1. Handgesteuerte Manipulatoren (Manual Manipulators). Sie werden direkt vom Menschen gesteuert. Über 10% der 1980 in Japan produzierten Roboter entsprachen diesem Typ. Allerdings hatten sie nur einen Anteil von 4% an der Neuwertschöpfung der japanischen Roboterindustrie. Viele innerbetriebliche Tätigkeiten des Transports sowie der Materialzuführung, vor allem in der Metallurgie sowie in Eisen- und Stahlgießereien, können von ihnen durchgeführt werden.

2. Manipulatoren mit feststehender Operationsfolge (Fixed sequential Robots). Man rechnet damit, daß sie 67% der gesamten Roboterproduktion ausmachen. Ihr Anteil an der realisierten Neuwertschöpfung beträgt aber nur 37%. Diese Roboter sind entwikkelt worden, um bestimmte, sich wiederholende Tätigkeiten in

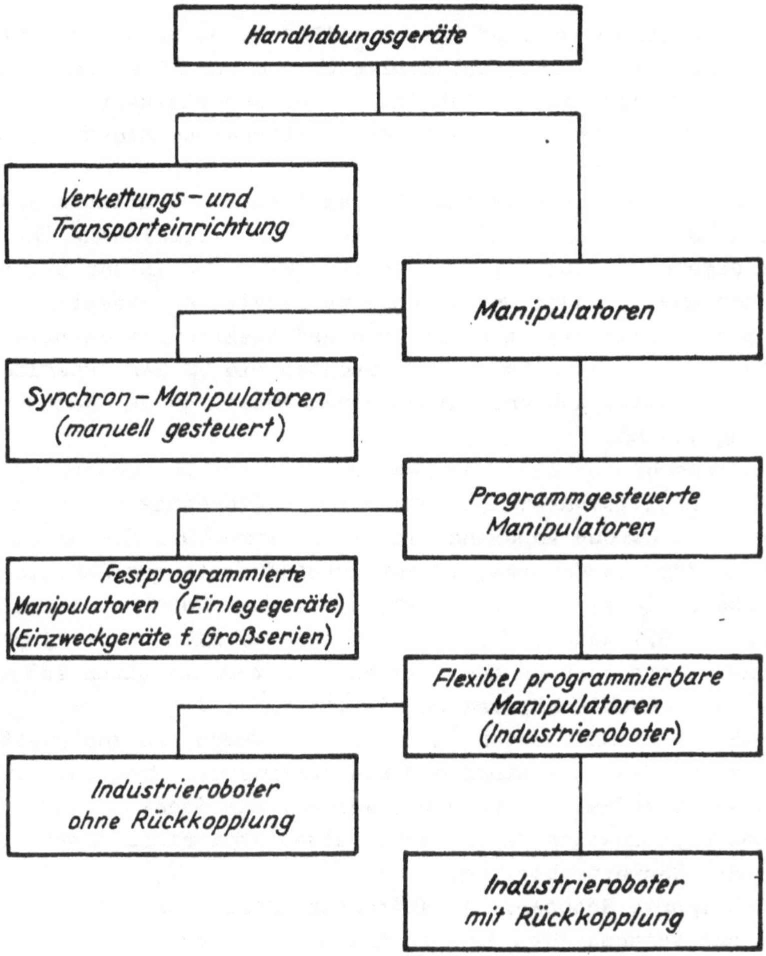

Abbildung 13
Entwicklungskette von Handhabungsgeräten

einer festgelegten Reihenfolge auszuführen. So z.B. Schweißen, Plastverformung, Gießen, Materialzuführung zur NC-Maschine oder Färben. Sie werden in der Autoindustrie, der Plasteproduktion, der Metallverarbeitung sowie in der Elektro- und Elektronikindustrie angewandt.

3. Manipulatoren mit flexibler Operationsfolge (Variable sequential Robots). Diese Roboter können für verschiedene Tätigkeiten umgerüstet und angepaßt werden. Sie sind in der Reihenfolge der auszuübenden Operationen variabel. Ihr Einsatzgebiet ist die Autoindustrie, die Elektro- und Elektronikindustrie sowie die Plasteverarbeitung. 1980 machten sie 7% der japanischen Roboterproduktion aus und hatten einen Anteil an der Neuwertschöpfung von 6%.

4. Industrieroboter mit freiprogrammierbarer, speicherbarer und jederzeit aktivierbarer Handlungsabfolge (Teaching Playback Robots). Sie werden angewandt in der Elektro- und Elektronikindustrie für die Montage, in der Autoindustrie zum Schweißen und Färben. Sie sind "lernfähig". Die ersten Roboter dieses Typs erschienen 1977 auf dem Markt. 1980 machten sie 10% der japanischen Roboterproduktion aus, hatten aber bereits einen Anteil von 21% an der Neuwertschöpfung der Roboterindustrie.

5. CNC-Roboter. Sie werden mit Hilfe von Computern gesteuert und können durch die Wahl eines anderen numerischen Programms für verschiedene Aufgaben eingesetzt werden. Sie machten 1980 5% der Roboterproduktion Japans aus, hatten aber einen Anteil von 29% an der Neuwertschöpfung.

6. Intelligente Roboter. Sie imitieren menschliche Sinne, Bewertungen und Voraussicht. Bisher sind sehr wenige Exemplare auf dem Markt. 1980 machten sie 1% der japanischen Roboter-Produktion aus und einen Anteil von 3% an der Neuwertschöpfung.[46]

Die dritte bis sechste Gruppe der Industrieroboter gehört zu den flexiblen Industrierobotern im engeren Sinne. Die Tabelle 10 gibt einen Überblick zur bisherigen Entwicklung in einer Reihe von Industrieländern. Anhand dieser Angaben sind bisher verschiedene Vorausschätzungen versucht worden, um vor allem die Auswirkungen dieser Basisinnovationen auf das Arbeitskräftepotential bestimmen zu können. Eine solche Vorausberechnung ist jedoch mit nicht geringen Schwierigkeiten verknüpft. Erstens ist die Preisentwicklung der Roboter schwierig einzuschätzen, zweitens verändert sich das Bedarfspotential, die Zahl der Einsatzbereiche ständig, und drittens vollzieht sich die technische Entwicklung der Roboter außerordentlich schnell. Viertens ist die Lohnentwicklung, ein wichtiger Faktor der Entscheidung über den Robotereinsatz, nicht immer einfach abzuschätzen.

Meist werden die Stückzahlen des Roboterbestandes oder der Roboterproduktion prognostiziert.

Wesentlich für die Prognose ist aber nicht die Anzahl der Roboter, sondern die Anzahl der mit ihrer Hilfe freigesetzten Arbeitsplätze. Wir definieren daher die Ausbreitungsrate als

$$F = \frac{\text{Anzahl der durch Roboter ersetzten Arbeitsplätze}}{\text{Anzahl der durch Roboter ersetzten und ersetzbaren Arbeitsplätze}} \qquad (1)$$

$$F = \frac{c \cdot R}{c \cdot R + \frac{p \cdot k \cdot B}{s \cdot c}} \qquad (2)$$

Dabei ist

F - die Ausbreitungsrate

R - Anzahl der frei programmierbaren Roboter (ohne einfache Manipulatoren)

c - Anzahl der Arbeitsplätze, die pro Roboter bei optimaler Arbeitsorganisation im Durchschnitt ersetzt werden können

p - Anteil der Produktionsarbeiter an den Beschäftigten

k - Anteil der Arbeitsplätze, die prinzipiell durch die gegenwärtig existierenden Generationen von Robotern ersetzt werden können

B - Anzahl der Beschäftigten

s - Schichtfaktor

Aus (2) ergibt sich

$$F = \frac{1}{1 + \frac{p \cdot k \cdot B}{s \cdot c^2 R}} \qquad (3)$$

Die Diffusionsrate ist ein spezieller mathematischer Ausdruck der Ausbreitungsrate

$$\frac{F}{1-F} = \frac{s \cdot c^2 \cdot R}{p \cdot k \cdot B} \qquad (4)$$

Während sich die Ausbreitungsrate auf das Ausbreitungspotential bezieht und zwischen 0 und 1 definiert ist, umfaßt die Diffusionsrate die Anzahl der durch die Neuerungen noch zu ersetzenden Einheiten und ist zwischen 0 und + ∞ festgesetzt. Sie kann aus den empirischen Daten für s, c, R, p, k und B berechnet werden, und aus den empirischen Daten der logarithmischen Diffusionsrate kann wiederum mit Hilfe der Methode der kleinsten Quadrate als Regression abgeleitet werden

$$\ln \frac{F}{1-F} = -\alpha + \beta t \tag{5}$$

wobei t die Jahreszahl ist.

Die Resultate der Berechnungen sind in Abbildung 14 zusammengefaßt worden. Sie zeigen erstens, daß - bezogen auf das Ausbreitungspotential - Schweden an erster Stelle steht, ein Land, das ebenso wie Japan ein staatliches Förderungsprogramm für die Industrieroboter durchführt.

Die UdSSR und die DDR haben nach einem anfänglichen Rückstand zwischen 1975 und 1980 schnell aufgeholt. Die DDR hat, relativ gesehen, den Stand der BRD in der Roboterausbreitung eingeholt und Länder wie Frankreich, Großbritannien und Italien hinter sich gelassen. Die Prognose nach 1980 ist jedoch schwierig. Die in der Abbildung dargestellte Extrapolation bietet einen ersten Anhaltspunkt. Aber durch weitere empirische Daten kann das Modell vervollkommnet werden. Wenn es auf den Rechner gebracht wird, kann man folgende Fragen sehr schnell beantworten:

- Welche Ausbreitungsrate erreicht welches Land in welchem Jahr?
- Wie hoch ist die Anzahl der Roboter in einem bestimmten Land in einem bestimmten Jahr?
  Nach der Formel

  $$R = \frac{F}{1-F} \frac{p \cdot k \cdot B}{s \cdot c^2} \tag{6}$$

- Wieviel Arbeitsplätze A_R können noch durch Roboter ersetzt werden?
  Nach der Formel

  $$A_R = \frac{p \cdot k \cdot B}{s \cdot c} \tag{7}$$

- Welchen Anteil hat die Arbeitskräftefreisetzung durch Roboter an der gesamten Arbeitskräftefreisetzung? (Für ein gegebenes

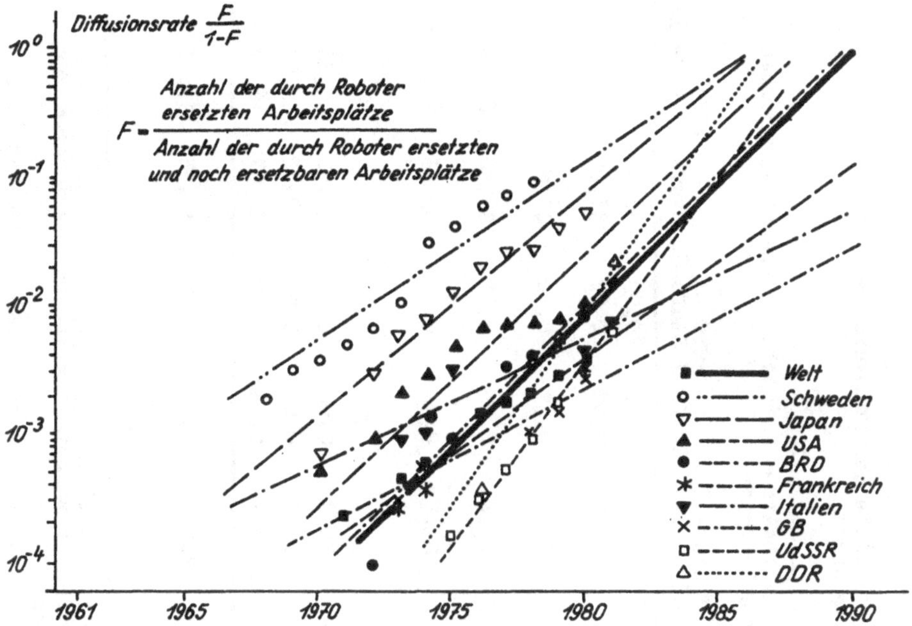

Abbildung 14
Ausbreitung von programmflexiblen Robotern in 9 Ländern

Land und Jahr). Dazu ist die Produktionsentwicklung in das Modell einzubeziehen.

Um das Einsparungspotential präziser zu bestimmen, muß es weiter nach Arbeitsbereichen und Industriezweigen aufgeschlüsselt werden. In Tabelle 11 wurden das Einsparungspotential und die Ausbreitungsrate der Industrieroboter nach 8 Arbeitsbereichen oder Funktionen analysiert. Daraus geht hervor, daß das größte spezifische Einsparungspotential im Bereich der Maschinenbedienung, des Pressens und Schmiedens gegeben ist. Dagegen steigt die Ausbreitungsrate am schnellsten im Bereich des Anstreichens und Beschichtens. Trotz der schnellen geplanten Entwicklung wird das gegenwärtig erkennbare Einsparungspotential bei Robotern der Stufe 2 bis 1985 nur zu 13,8% ausgenutzt.

Tabelle 11

Einschätzung des möglichen Arbeitskräftefreisetzungspotentials des Robotereinsatzes der Stufen 1 und 2+ im Produktionsbereich der Industrie der DDR++

Lfd. Nr.	Arbeitsbereiche	Anzahl der Arbeitskräfte 1980	Mögliche Einsparung von Arbeitskräften bei Einsatz von Robotern				Ausbreitungsrate in Prozent			
			Stufe 1 in Prozent	Stufe 2 in Prozent	Stufe 1 in 1 000 Pers.	Stufe 2 in 1 000 Pers.	1980 Stufe I	1980 Stufe II	1985 Stufe I	1985 Stufe II
1	Montage	253,3	10	30	25,3	76,0	0,08	0,03	26,09	8,6
2	Gütekontrolle	140,5	15	35,1	21,1	49,2	0,09	0,02	31,28	13,41
3	Verpackung, Glashandhabung	167,4	15	40	25,1	67,0	0,25	0,10	43,82	16,42
4	Anstreichen, Beschichten	76,0	45	65	34,2	49,4	0,52	0,36	86,84	60,12
5	Schweißen, Trennen	166,9	25	50	41,7	83,5	0,34	0,21	52,76	26,35
6	Maschinenbedienung, Pressen und Schmieden	719,5	20	50	143,9	359,8	0,08	0,03	14,52	5,81
7	Transport	109,2	30	70	32,8	76,4	0,06	0,03	20,12	8,64
8	sonstige	403,5	5	10	20,2	40,4	0,19	0,10	32,67	16,34
9	Industrie ges., (Produktion)	1 985,0	-	-	344,3	801,7	0,19	0,08	31,95	31,72
10	Industrie ges. o.B.	3 153,4	-	-	-	-	-	-	-	-

+ Stufe 1 - Gegenwärtig im Einsatz befindliche Arten von Robotern.
Stufe 2 - Intelligente Roboter, die ihre eigene Tätigkeit selbständig anhand der Verarbeitung sensorisch erfaßter Daten verändern können.

++ Die Einschätzung wurde vorgenommen auf der Grundlage des Statistischen Jahrbuches der DDR, diverse Ausgaben, und der Wirtschaft 10/1982.

3.2. Zu den Hauptzielen des Robotereinsatzes

In unserer Industrie kann man gegenwärtig - auf Grund vorliegender Erfahrungen - von folgender durchschnittlicher Rangordnung der Ziele beim Robotereinsatz ausgehen:

1. Arbeitszeiteinsparung und Produktivitätssteigerung.
   Ein Roboter soll mindestens 2,5 Arbeitskräfte ersetzen. In manchen Betrieben werden aber z.Z. niedrigere oder auch höhere Werte erreicht. In der Drehgestellfertigung des Kombinats Anlagenbau Braunkohle werden 4,4 erreicht, weil man hier komplexe Lösungen realisierte.
2. Verbesserte Arbeitsbedingungen, besonders an Arbeitsplätzen mit erschwerten Bedingungen.
3. Eine Rückflußdauer der Investition von weniger als 3 Jahren.
4. Einsparung von Material und Energie.
5. Aufbau eines eigenen Roboterbaus in der Anwenderindustrie im Rahmen des Rationalisierungsmittelbaues.
6. Anreicherung der Arbeitsinhalte.
7. Beitrag zur höheren quantitativen und qualitativen Stabilität der Produktion.
8. Beitrag zur höheren Flexibilität der Produktion.

Das Ziel der höheren Flexibilität rangiert in der Praxis sehr oft weit hinten. Es wird noch nicht genügend gesehen, daß es entscheidend die ökonomische Effektivität beeinflußt. Im Kombinat Haushaltsgeräte wurde z.B. eine Fertigungsstraße zur Produktion von Gehäusen für Gasgeräte mit 10 Robotern so ausgelegt, daß auf ihr 5 verschiedene Gehäusekörper automatisch gefertigt werden können. Damit wurde eine wesentlich höhere Auslastung der Technik erreicht.

Die Flexibilität ist sicher vor allem eine ökonomische Frage. Höhere Flexibilität bringt niedrigere spezifische Rüstkosten sowie niedrigere spezifische Kosten der Fehlersuche und Fehlerbeseitigung, ferner eine schnellere Marktreaktion und höhere Auslastung der Technik. Aber höhere Flexibilität erfordert mehr Investitionen, die durch überdurchschnittliches Effektivitätswachstum gerechtfertigt werden müssen.

Ein solches überdurchschnittliches Effektivitätspotential ist nur realisierbar, wenn flexible Fertigungseinheiten so konzipiert werden, daß die Qualifikation der Werktätigen voll genutzt wird und weiterentwickelt werden kann. Der Mensch muß hier in weitgehend größerem Umfang die Möglichkeit erhalten, seine eigene Fähigkeit der Informationsverarbeitung und -bewertung zur Geltung zu bringen und den Umfang der Flexibilität des Fertigungssystems zu bestimmen, als es bei der Einzweckautomatisierung der Fall ist. Deshalb ist das Ziel der flexiblen Automatisierung nicht die "mannlose Fabrik", sondern eine höhere Qualität in der Flexibilität des Zusammenwirkens des Menschen mit den Arbeitsmitteln und Arbeitsgegenständen der Produktion. Hierbei wird die Zergliederung des Arbeitsprozesses in einzelne Bearbeitungsschritte, wie sie der großen Industrie bisher als Tendenz innewohnte, aufgehoben. Arbeitsaufgaben erhalten für die Arbeiter einen komplexeren Charakter; er steht hier vor dem Problem, immer mehr den ganzen Prozeß zu überschauen, zu programmieren, zu analysieren, zu warten und zu reparieren. Damit verschiebt sich der Schwerpunkt der Anforderungen an die Qualifikation von körperlich-handwerklichen Fähigkeiten zur abstrakt-intellektuellen Fähigkeit der Beherrschung des Systemzusammenhangs. Dies wiederum stellt sowohl neue Anforderungen an die Arbeitsorganisation als auch die Aus- und Weiterbildung der Arbeitskräfte. Versäumnisse, die hier auftreten, müssen mit großen Effektivitätsverlusten bezahlt werden.

Wichtig ist daher, daß in unseren Zielstellungen der sozialen Seite des Robotereinsatzes großes Augenmerk geschenkt wird. Das betrifft die Verbesserung der Arbeitsbedingungen, ebenso wie die rechtzeitige Durchführung von Qualifizierungsmaßnahmen.

Die Einsatzziele sind natürlich nach Zweigen unterschiedlich. Die Zielstellung des Forschungsinstituts für Schweißtechnik Halle geht z.B. davon aus, daß ein Roboter

- drei Arbeitskräfte ersetzen soll,
- nicht mehr als 250 000 Mark kosten darf,
- in der Lage sein muß, 80% aller anfallenden Schweißarbeiten auszuführen.

Maximale Freiheitsgrade und maximale Arbeitsgeschwindigkeit werden nicht gefordert, da sie ökonomisch nicht sinnvoll wären.

3.3. Effektivitätsanalyse des Robotereinsatzes

Die Entscheidung, in einem konkreten Fall den Einsatz von Industrierobotern vorzunehmen, setzt eine detaillierte Analyse des Produktionsfeldes und der Effektivität des Robotereinsatzes voraus. Eine komplexe Aufwand-Nutzen-Analyse des Robotereinsatzes ist hierbei ein wichtiges Hilfsmittel für die Entscheidung über den Einsatz.

Wie bei allen Innovationen ist es auch hier wichtig, drei unterschiedliche Seiten der Effektivität zu berücksichtigen:

- den technischen Wirkungsgrad der Innovation,
- ihre ökonomische Effektivität als Aufwand-Ergebnis-Relation,
- ihre relative Effektivität.

Der technische Wirkungsgrad drückt das technische Leistungs- und Qualitätsniveau der Innovation aus. Die ökonomische Effektivität bringt das Aufwand-Nutzen-Verhältnis zum Ausdruck, mit dem sich ein Teil des technischen Leistungs- und Qualitätsniveaus der Innovation in konkretem Produktivitätswachstum realisiert. Natürlich wird sich immer nur ein Teil des technischen Wirkungsgrades in ökonomische Effektivität verwandeln lassen. Ab einem bestimmten Punkt gestaltet sich jedoch die Aufwand-Ergebnis-Relation so ungünstig, daß es unökonomisch wird, den vorhandenen technischen Wirkungsgrad weiter auszuschöpfen. Es wird dann notwendig, zu wissenschaftlich-technischen Neuerungen mit höherem technischem Wirkungsgrad überzugehen.

In der relativen Effektivität kommt die strategische Dimension der Neuerung zum Ausdruck. Hier wird die dynamische Effektivität der Innovation - ihre "ausnahmsweise Produktivkraft" (K. Marx) - in Relation zur durchschnittlichen Effektivität des gesamten Produktionsfeldes gesetzt. Also z.B. der Industrieroboter der 2. Generation im Verhältnis zur Gesamtheit aller Handhabungsgeräte im Rahmen der Automatisierung. Im Grunde kann das Effektivitätspotential einer Innovation nur als relative Effektivität gemessen werden. Absolute wissenschaftlich-technische Indikatoren, die nicht mit dem vorhandenen technischen Niveau im Hinblick auf ihre ökonomische Wirksamkeit verglichen werden können, sind für den Entscheidungsprozeß wenig aussagefähig. Dies gilt es besonders bei der Ausarbeitung der Pflichtenhefte zu beachten, da es hier darauf ankommt, für Wissenschaft, Technik und Produktion solche Ziele zu stellen, die sich an strategisch ausschlaggebenden Leistungsmaßstäben orientieren.

Erst über die relative Effektivität der Innovation ist es möglich, den Zeitfaktor besser als bisher in der Effektivitätsrechnung zu berücksichtigen. Vom Zeitfaktor, d.h. vom Zeitpunkt und Zeitraum in dem eine Innovation durchgesetzt und genutzt wird, hängt bis 80 Prozent das Effektivitätswachstum auf der Grundlage einer Innovation ab. Bei der Messung der relativen Effektivität einer Innovation müssen wir daher ihre Effektivitätskennziffern, wie Arbeitsproduktivität, Neuwertschöpfung und Devisenerlöse pro Ressourceneinheit (Kilo-Preis), Material- und Energieintensität, relative und absolute Freisetzung von Arbeitskräften, Rückflußdauer der Investitionen, Entwicklung der Fondsquote u.a. immer im Vergleich zu den Effektivitätskennziffern der vorhandenen Technik bzw. zu alternativen technischen Lösungen in Beziehung setzen.[47]

Wenn die Effektivität des Robotereinsatzes zur Diskussion steht, dann ist es wichtig, zunächst zu bestimmen, um welchen Typ, welche Generation von Robotern es sich handelt und auf welchem Einsatzgebiet man Aussagen gewinnen will. Wenn es sich z.B. um einen prozeßspezifischen Roboter handelt, der im Rahmen der Einzweckautomatisierung eingesetzt werden soll, so wird seine Effektivität durch andere Komponenten und Kriterien bestimmt als beim Roboter der 2. und 3. Generation, der im Rahmen der flexiblen Automatisierung eingesetzt werden soll. Dieselben Kriterien für alle Typen, Generationen und Einsatzgebiete von Robotern anzuwenden, würde dazu führen, daß die Effektivität eines großen Teils der Roboter verzerrt ausgewiesen, sie entweder über- oder unterbewertet werden würde.

Der Einsatz des Roboters der 1. Generation im Rahmen der Einzweckautomatisierung[48] vollzieht sich in relativ einfach überschaubaren und eingrenzbaren Zusammenhängen. Hier sind folgende Kriterien bei der Aufwand-Nutzen-Analyse ausschlaggebend:

(1) Aufwand
- technologische Kosten (variable Kosten),
- Investitionskosten (fixe Kosten),
- Peripheriekosten (variable und fixe Kosten).

(2) Nutzen

- Steigerung der Arbeitsproduktivität,
- Freisetzung von Arbeitskräften,
- Eliminierung von körperlich schwerer, gesundheitsschädigender, geistig monotoner Arbeit,
- Stabilität und Kontinuität der Produktion,
- Steigerung der Effektivität der Produktion (Materialeinsparung und Energieeinsparung, Senkung der Fondsquote),
- Sicherung einer stabilen Qualität der Erzeugnisse.

Man darf jedoch nicht - wie bereits dargelegt - die Effektivitätsgrenzen der Einzweckautomatisierung übersehen, die unmittelbar die Effektivität des Robotereinsatzes bestimmen. Diese liegen in folgenden mit der Einzweckautomatisierung verbundenen Widersprüchen:

a) Im Widerspruch zwischen Automatisierung der Produktion und dem Innovationsgrad der Erzeugnisse.
b) Im Widerspruch zwischen der Automatisierung und der Nutzung des Qualifikationsniveaus der Werktätigen. Mit der Einzweckautomatisierung ist die Tendenz zur Polarisierung der Qualifikationsanforderungen verbunden. Die flexible Automatisierung kann nur von Arbeitskräften mit hohem Qualifikationsniveau realisiert, programmiert, betrieben, kontrolliert und gewartet werden. Es entstehen neue Anforderungen an die Beherrschung des Gesamtprozesses, die rechtzeitige Bestimmung der Schwachstellen und an die Programmierung und Kontrolle des Prozesses durch die Arbeiter und Ingenieure.
c) Im Widerspruch zwischen der Effektivitätsentwicklung in den Hauptprozessen und der Effektivität der vorbereitenden sowie der Hilfs- und Nebenprozesse.

Bei der Analyse des Robotereinsatzes im Rahmen der flexiblen Automatisierung müssen daher eine Reihe von weiteren Kriterien eine wichtige Rolle spielen, die bei der Einzweckautomatisierung kaum zu Buche schlagen:

1. höhere Produkterneuerungsrate durch gestiegene Flexibilität der Produktion;
2. höhere Neuwertschöpfung pro Ressourceneinheit auf Grund der größeren Reaktionsfähigkeit auf Markterfordernisse und einer besseren zeitlichen Positionierung der Erzeugnisse auf dem

Weltmarkt;

3. bessere Nutzung des Qualifikationsniveaus der Werktätigen bei der Produktionsvorbereitung, Programmierung, Wartung und Reparatur des Gesamtsystems;
4. Senkung der Materialintensität der Produktion durch Verringerung der Materialbestände und kontinuierlicher Fluß des Werkstückes im Rahmen des integrierten Fertigungssystems;
5. bessere Nutzung der Maschinen und Anlagen durch integrierte Produktionsvorbereitung und Steuerung.

Dadurch verlieren die bei der Einzweckautomatisierung genannten Kriterien natürlich nicht an Bedeutung. Einige von ihnen erhalten jedoch, wie z.B. die Freisetzung von Arbeitskräften, ein anderes spezifisches Gewicht im Rahmen der Effektivitätsrechnung des Robotereinsatzes.

Die elementare Bedingung für den Robotereinsatz ist, daß der laufende Aufwand, d.h. die variablen Kosten des Roboters, niedriger sein müssen als die Kosten des manuellen Arbeitsplatzes, wenn nicht übergeordnete Gründe, beispielsweise die Beseitigung von extrem gesundheitsschädigenden Arbeitsplätzen, diese Bedingung außer Kraft setzen. Jedoch reicht der laufende Aufwand für die Bestimmung der dynamischen Effektivität bei weitem nicht aus. Hier muß der einmalige Aufwand, müssen die fixen Kosten mit in Betracht gezogen werden. Der einmalige Aufwand für Industrieroboter ist aber wesentlich höher als bei den mechanischen Handhabungshilfen, und zwar je nach Robotertyp 4- bis 10mal. Während aber dem Einsatz von durchschnittlichen Grundfonds ein Effektivitätsnormativ von mindestens 6% (Produktionsfondsabgabe) zugrunde liegt, also eine Rückflußdauer von 12 Jahren, gilt üblicherweise für den Robotereinsatz ein Mindestnormativ von 26%, d.h. eine Rückflußdauer von 3 Jahren. Dieses hohe Mindestnormativ weist darauf hin, daß der hohe einmalige Aufwand für den Industrieroboter ökonomisch nur zu vertreten ist, wenn er in ein effektives System der flexiblen Fertigung integriert werden kann. Hierbei kommt es darauf an, daß der Roboter voll den ihm gestellten Aufgaben entspricht, also weder über- noch unterentwickelt ist. Im ersten Fall werden kostspielige produktive Potenzen brachgelegt, während im zweiten Fall die Produktion kostspieligen Risiken in Form von Stillstandszeiten und Havarien ausgesetzt wird. Gleichzeitig ist es wichtig, bei der Berechnung der dynamischen Effektivität des Robotereinsatzes nicht nur den laufenden und einmaligen Aufwand, der direkt mit dem Industrieroboter verbunden ist, zu berücksichtigen, sondern auch den einmaligen und laufenden Aufwand für die Schaffung der notwendigen Arbeitsbedingungen des Roboters (Peripheriekosten). Dies sind durchaus keine Bagatellposten, sie haben eine Höhe von 50 bis 100% der Anschaffungskosten des Roboters.

In der DDR ist für den Einsatz von Industrierobotern das Ausmaß der durch sie möglichen Freisetzung von Arbeitskräften eine wichtige Orientierungsgröße. Geht man davon aus, daß der durchschnittliche Freisetzungsaufwand für eine Arbeitskraft in der Volkswirtschaft gegenwärtig etwa 100 000 Mark beträgt, so wird zum Beispiel bei einem Anschaffungspreis von 300 000 Mark für einen Schweißroboter bei einer zwei- bis dreifachen Schichtauslastung und einer Freisetzung von 1 bis 2 Arbeitskräften pro Schicht der hohe volkswirtschaftliche Nutzen der Freisetzung dieser Arbeitskräfte offenbar.

Wie bereits dargestellt, ist die Freisetzung von Arbeitskräften nur die eine Seite des Robotereinsatzes. Jede Einsparung von Arbeitsplätzen durch den wissenschaftlich-technischen Fortschritt unter sozialistischen Produktionsverhältnissen muß mit dem effektiven Wiedereinsatz dieser Arbeitskräfte verbunden werden, den man rechtzeitig planen und umsichtig realisieren muß. Gleichzeitig geht es darum, durch die bewußte Gestaltung der Arbeitsprozesse ein effektiveres Zusammenwirken des Roboters mit den Produktionsarbeitern zu gewährleisten.

Vom Standpunkt der flexiblen Automatisierung und der sich für sie auftuenden Anwendungsfelder werden die wissenschaftlich-technischen und ökonomischen Grenzen der jetzigen Generation von Robotern offensichtlich. Die neue Generation von Industrierobotern wird vor allem ihr Anwendungsgebiet in der Automatisierung der Montagetätigkeit finden.

Während ein Industrieroboter der jetzigen Generation ausschließlich nach einem festgelegten Programm arbeitet und nicht in der Lage ist, auf Grund von Informationen über den aktuellen Zustand des Bearbeitungsobjekts sein Verhalten selbständig zu ändern, kann einer der 2. und 3. Generation dadurch, daß er mit taktilen, optischen bzw. akustischen Sensoren ausgerüstet ist, auf Grund von Veränderungen im Arbeitsfeld lernen und seinen Bewegungsablauf der Form, Lage und Masse des Werkstücks anpassen und selbst Teileerkennung und Positionierung durchführen. Im Maschinen- und Fahrzeugbau der DDR machen die Montagearbeiten 33,3 Prozent und in der Elektrotechnik/Elektronik und im Gerätebau sogar 41,6 Prozent des gesamten Fertigungszeitaufwandes aus. Nur 0,5 Prozent der Montagezeit in der metallverarbeitenden Industrie werden bisher im Rahmen einer automatischen Montagefließfertigung verausgabt.[49] In den nächsten Jahren wird die schnelle Erhöhung der dynamischen Effektivität des Industrierobotereinsatzes immer mehr davon bestimmt werden, wie es gelingt, das ihm innewohnende Effizienzpotential durch Verbesserungs- und Rationalisierungsinnovationen mit einer neuen Generation von Industrierobotern zu erschließen. Nur ein äußerst geringer Teil der gegenwärtig verfügbaren Roboter ist in der Lage, zur Automatisierung der Montagearbeit beizutragen. Die Montage ist eine hochqualifizierte Arbeit, die eine neue Generation von Robotern mit sensorisch koordinierten Bewegungsabläufen und einer hohen mechanischen Flexibilität erfordert.[50] Dies betrifft vor allem:

- Schaffung leistungsfähiger Steuerungen und größerer Speicherkapazitäten auf der Grundlage von Mikroprozessoren sowie von Prozeßrechnern bei gleichzeitiger Senkung ihrer Kosten;
- Erleichterung des Übergangs von einem Programm zum anderen und Vereinfachung der Programmierung von Industrierobotern;
- Erhöhung der Bewegungsfreiheitsgrade, der Schnelligkeit und Verringerung der Störanfälligkeit des Industrieroboters;
- größere Spannweite der Bewegungsabläufe, höhere Belastbarkeit und größere Präzision;
- Entwicklung von ökonomisch einsetzbaren Sensorensystemen, insbesondere taktiler und visueller Sensoren zur Werkstück- und Positionserkennung;
- Entwicklung von Systemen der künstlichen Intelligenz, die selbsttätige Entscheidungen über den weiteren Handlungsablauf auf Grund von sensorisch gewonnenen Informationen ermöglichen;
- Schaffung von Industrieroboter-Optimalkonstruktionen zur Verringerung der spezifischen Masse und zur Realisierung kinematisch optimaler Bewegungsabläufe;

- Entwicklung von Schreit- und Fahreinheiten für mobile Industrieroboter;
- Weiterentwicklung des Baukastenprinzips für den konsequent modularen Aufbau von Mechanik und Steuerung;
- Ausarbeitung von ökonomischen und technologischen Systemlösungen für den Industrierobotereinsatz;
- Erschließung neuer Einsatzgebiete für den Industrieroboter in Bereichen wie Bergbau, Bauwesen, Land- und Forstwirtschaft.

4. Rechnergestützte Entwicklung und flexible Automatisierung

4.1. Rechnergestützte Entwicklung, ihre Produktion und Einführung aus internationaler Sicht

Die rechnergestützte Entwicklung (CAD) ist eine mit der flexiblen Automatisierung eng verbundene und ihre Effektivität maßgeblich bestimmende Basisinnovation. Erst durch sie wird es möglich, die mit der flexiblen Automatisierung geschaffenen Möglichkeiten für eine schnelle Produkterneuerung in reale Effektivitätsgewinne zu verwandeln. In der Strategie der flexiblen Automatisierung kommt der computergestützten Entwicklung eine entscheidende Rolle deshalb zu, weil durch sie dem Zeitfaktor bei der Entwicklung und Konstruktion von hochinnovativen Produkten in vollem Umfang entsprochen werden kann. Sie besteht in der Nutzung der elektronischen Rechentechnik für Zwecke der Entwicklung, Konstruktion und graphischen Darstellung. Mit Hilfe der CAD-Gerätetechnik und der entsprechenden Software können präzise Zeichnungen von Teilen und Erzeugnissen angefertigt, die entsprechenden Daten gespeichert und korrigiert und für die Produktionsvorbereitung bereitgestellt werden. Im Dialog mit dem Rechner über Tastatur, elektronischen Lichtstift und Bildschirm können beliebige Modifikationen vorgenommen und automatisch berechnet, dreidimensionale Wiedergaben aus verschiedenem Blickwinkel und in verschiedener Farbgebung abgefordert, Teilelisten erstellt, Variantenvergleiche und Optimierungen durchgeführt werden.

Zu den CAD-Systemen, auch interaktive graphische Design-Systeme genannt, gehören als Arbeitsmittel

- der Rechner oder Rechneranschluß,
- die entsprechenden Programme,
- spezielle Bildschirme,
- die Bildschirmtastatur zur Eingabe von Koordinaten, Befehlen, Texten, Formeln, Schrifttypen etc.,
- das graphische Tablett: elektronisch abgetastetes Konstruktionsbrett mit graphischen Symbolen (Winkel, Winkelmaße, Strecken, Kreissegmente etc.); dient zur Fixierung der Punkte, zu/von denen automatisch geometrische Figuren aufgebaut werden sollen,
- der Plotter, d.h. Drucker zur Ausgabe des Zeichnerergebnisses,

- Anschlußprogramme zur Übergabe der Konstruktionsergebnisse an Systeme zur Teileprogrammierung für rechnergesteuerte NC-Maschinen (CNC),
- gespeicherte Daten über ähnliche oder wiederkehrende Formen, Maße usw.

Es ist bekannt, daß die Entwicklung zwar nur etwa drei bis sechs Prozent der Selbstkosten eines neuen Erzeugnisses ausmacht, aber ganz wesentlich, nämlich zu 80 bis 90 Prozent sein technisches Niveau oder seinen Gebrauchswert und damit den erzielbaren Preis bestimmt. Sehr groß ist auch ihr Einfluß auf die Fertigungskosten.

Auf dem Außenmarkt ist der Preis des Erzeugnisses selbst wieder eine Funktion des Konkurrenzdrucks und der Zeit; der frühere Anbieter neuer Erzeugnisse kann in der Regel erhebliche Preisvorteile realisieren. Die Entwicklungszeit wird mit dem beschleunigten Generationswechsel der Erzeugnisse immer mehr zum kritischen Faktor der Rentabilität.

Welche Faktoren innerhalb der Entwicklungsarbeiten sind aber wiederum als kritisch vom Standpunkt der Beschleunigung einzuschätzen?

1. Die Herstellung einer großen Zahl von Zeichnungen für Erzeugnisse, Baugruppen und Teile auf manuellem Wege. Das gilt in der Leichtindustrie beispielsweise auch für die Schnittbilder.
2. Die Aufstellung von Teilelisten und Spezifikationen, in der Leichtindustrie auch die Gradation.
3. Die Optimierung einer großen Zahl von Parametern in Relation zu den verfügbaren Produktionsfaktoren, dem erforderlichen Produktionsmaßstab und den zulässigen Kosten einschließlich der Schnittbildoptimierung.
4. Die schnelle Berücksichtigung von Änderungswünschen aller Art.
5. Die schnelle Berechnung möglicher oder notwendiger Modifikationen.

CAD ist in der Lage, genau diese kritischen Aktivitäten um mindestens eine Größenordnung produktiver zu gestalten.

Die CAD-Technik besteht aus Hardware und Software. Zur Hardware gehören Rechner, Digitalisierungseinrichtung, Bildschirm und Zusatzspeicher. Die Software besteht aus der Software des Operationssystems, der graphischen Software (Grundausstattung) und spezieller Anwendungssoftware. Während das Verhältnis der Kosten der Software zur Hardware international um 1960 etwa 25 zu 75 und 1980 etwa 70 zu 30 war, wird es Ende der achtziger Jahre voraussichtlich 90 zu 10 sein.[51]

Innovationen durchlaufen eine Einführungsphase, in der ihre Effektivität noch unter dem gesellschaftlichen Durchschnitt liegt. Das hängt mit den hohen Kosten der Erprobung, Markteinführung und der Errichtung neuer Kapazitäten zusammen. Weniger kapitalkräftige Unternehmen scheitern nicht selten in dieser Phase. Das trifft auch für den Neuerungsprozeß rechnergestützte Entwicklung (CAD) zu. Abbildung 15 zeigt Angaben über das führende Unternehmen Computervision, das 1980 69 Prozent seiner CAD-Systeme in den USA, 22,4 Prozent in Westeuropa und 9,6 Prozent in Japan und in anderen Ländern verkaufte.

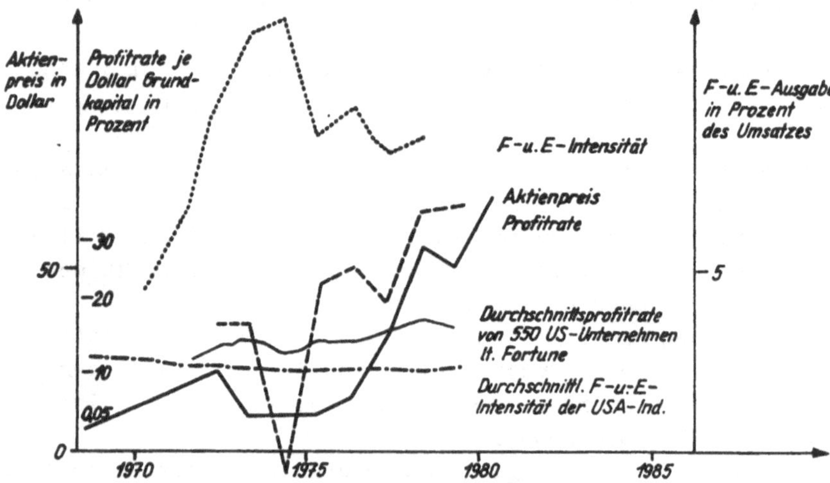

Abbildung 15
Profitrate, Aktienpreis und F- und E-Intensität des 1969 gegründeten Unternehmens Computervision, das ein Drittel des USA-Marktes für rechnergestützte Entwicklung beherrscht
(Zusammengestellt aus The Impacts of Electronics on the International Setting UNIDO 19.3.1982, IS 297 Business Week Juni 1981)

Seit 1976 steigen hier Aktienpreis und Profitrate steil an. Die Profitrate liegt weit über dem Durchschnitt der 550 Unternehmen, der jährlich von der Zeitschrift "Fortune" veröffentlicht wird. Die Vorleistungen in der Forschung und Entwicklung erreichten 1975 ihr Maximum, im gleichen Jahr schloß das Unternehmen mit Verlusten ab, da das Maximum im Kapitalvorschuß für die Innovation mit einem zyklischen Rückgang der Geschäftstätigkeit zusammentraf. In solchen Situationen machen viele Unternehmen, die Neuerungen einzuführen beabsichtigen, Bankrott. Andere Unternehmen aber, wie z.B. Computervision, mobilisieren ihre eigenen und fremde Kapitalreserven und stehen die Durststrecke in Erwartung der überdurchschnittlichen Profite der Folgejahre durch. Von 1978 bis 1981 erhöhte sich der Umsatz von Computervision um jährlich 77 Prozent.[52] Die innovative Arbeit, die das Kapital befehligt, ist Arbeit für eine neue "ausnahmsweise Produktivkraft" oder exzeptionelle Produktionsweise (Marx). Es sind geradezu märchenhafte Profite, die dem Kapitalisten aus Innovationen zufließen, sobald es ihm gelingt, die kritische Schwelle zu überschreiten. Computervision gelang dies 1976, als es in die Phase des schnellen Wachstums eintrat. Zwischen 1976 und 1981 stieg die jährliche Wachstumsrate des CAD-Marktes in den USA von 69,3 auf 84,6 Prozent. Das liegt weit über dem Wachstum selbst der Computerindustrie. Es ist ein superexponentielles Wachstum, typisch für hochinnovative Gebiete nach der Einführungsphase. Das Marktvolumen für CAD lag 1980 in den kapitalistischen Ländern bei 1 Mrd. Dollar, während der Markt für Roboter 350 Mill. Dollar umfaßte.

Tabelle 12 zeigt die Resultate des Konkurrenzkampfes um die Marktanteile zwischen 1976 und 1980. Bemerkenswert daran ist der starke Rückgang des Marktanteils der IBM, die aus strategischer Sicht diesen Markt anfangs unterschätzte. Anfang der achtziger Jahre hat die IBM ihre Anstrengungen auf diesem Gebiet enorm verstärkt. Sie sieht CAD als Teil des umfassenderen Prozesses der integrierten Datenverarbeitung einschließlich Produktionsplanung, Bestandsplanung und Betriebsanalyse.

Die kapitalistischen Marktstrategien auf diesem Gebiet der rechnergestützten Entwicklung schließen die Preisunterbietung zur Anstachelung des Bedarfs, aber auch Leasing- bzw. Pachtver-

Tabelle 12

Marktanteile der CAD-Hersteller in den USA in Prozent und Gesamtumsatz in Mio Dollar 1976 - 1980

		1976	1977	1978	1979	1980
1. Computervision	Prozent	28,1	25,6	25,8	32,6	33,2
2. IBM	"	21,2	18,2	13,6	12,7	12,2
3. Applicon	"	14,5	15,1	10,9	9,0	8,8
4. Calma	"	14,3	15,5	16,0	13,6	13,8
5. Autotrol	"	10,0	11,4	13,0	10,0	8,9
6. Intergraph	"	8,2	8,3	12,0	9,3	9,8
7. Gerber	"	3,6	1,3	2,6	3,2	2,3
8. Unigraphics	"			3,3	2,4	2,3
9. Sonstige	"					6,9
Gesamtumsatz	Mio Dollar	70	110	169	316	575

träge ein. Die Grundlage dafür ist der Umstand, daß die Grenzkosten wesentlich unter den Durchschnittskosten liegen, wie es für solche dynamischen Gebiete typisch ist. Ein besonderer Trick ist der Verkauf unausgereifter Software zusammen mit hochentwickelter Hardware, um den Kunden an den Lieferanten zu binden.[53] Kleine Software-Firmen versucht man durch niedrige Preise für die Software niederzukonkurrieren. Dagegen liegen die Preise für die Hardware über dem Wert.

4.2. Die Ausbreitung der rechnergestützten Entwicklung und ihre Einflußfaktoren

Die Ausbreitungsgeschwindigkeit der rechnergestützten Entwicklung und Fertigung ist in den kapitalistischen Industrieländern auch in den letzten Krisenjahren außerordentlich hoch, wie Tabelle 13 zeigt. Das ist eine bemerkenswerte Parallele zur großen Krise von 1929 bis 1932, in der solche Zweige wie Flugzeugbau und Kunstseidenproduktion weiter wuchsen.[54]

Beide gehörten damals als dynamische Zweige zu der historischen Kombination der Produktivkräfte, die sich im Ergebnis der technischen Revolution zwischen 1925 und 1975 herausbildete.

Tabelle 13

Der Markt für rechnergestützte Entwicklung und Fertigung (CAD/CAM-Systeme) in den USA 1978 bis 1981 und Schätzung bis 1984[+]

Anwenderzweige	1978		1979		1980		1981		1984	
	Mio Dollar	Wachstum %	Mio Dollar	Wachstum %	Mio Dollar	Wachstum %	Mio Dollar	Wachstum %	Mio Dollar	Wachstum %
Maschinenbau	65	60	120	85	199	66	310	56	1 100	53
Elektronik	49	35	90	84	149	66	215	45	396	28
Bauwesen	25	50	50	100	75	50	108	45	308	42
Kartographie	15	70	30	100	70	133	105	45	242	37
Sonstige	11	60	20	82	17	-15	27	59	152	73
Gesamt	165	60	310	88	510	65	765	50	2 200	44

[+] Financial Times vom 10.7.1981[++]

[++] Angaben zu Einzelbranchen, wie der Textil- oder Schuhindustrie, liegen u.W. nicht vor.

Die Kapitalakkumulation in den neuen Entwicklungsrichtungen der Produktivkräfte gehört zum kapitalistischen Mechanismus der Überwindung der zyklischen Krise. Wann der Tiefpunkt der gegenwärtigen zyklischen Krise erreicht sein wird, wissen wir noch nicht. Wir beobachten aber bereits die Prozesse der forcierten Kapitalakkumulation durch Hochzinspolitik, Sozialabbau und verschärfte kapitalistische Rationalisierung.

Die Ausbreitungsrate (Diffusionsrate) der rechnergestützten Entwicklung ist auch in den führenden Industrieländern trotz des hohen Entwicklungstempos noch gering. Für die verarbeitende Industrie der USA werden beispielsweise für 1980 weniger als 5 Prozent angegeben, und 1985 sind 20 Prozent erreichbar, wenn die gegenwärtige hohe Ausbreitungsgeschwindigkeit beibehalten wird. Ausbreitungsrate und -geschwindigkeit sind sehr unterschiedlich in den einzelnen Industriezweigen. Sie hängen von zwei wesentlichen Faktoren ab: erstens vom Umfang der Zeichen- und Konstruktionsarbeiten, zweitens von dem Effektivitätszuwachs, den die rechnergestützte Entwicklung ermöglicht.

Tabelle 14 zeigt den Anteil der Zeichner, Entwicklungsingenieure, Konstrukteure und Architekten an den Beschäftigten in verschiedenen Zweigen vor Einführung der rechnergestützten Entwicklung in den USA. Dieser Faktor ist nicht allein ausschlaggebend für die Ausbreitung von CAD. Der andere Faktor ist der Einfluß der Entwicklungszeit auf die Effektivität des Reproduktionsprozesses, den wir als Entwicklungselastizität des Reproduktionszyklus bezeichnen wollen. Diese besagt, um wieviel Prozent der Reproduktionszyklus verkürzt werden kann, wenn die Entwicklungszeit um ein Prozent reduziert wird. Nehmen wir an, daß die Umschlagszeit einer Erzeugnisgruppe bei 5 Monaten liegt (Umsatz/Umlaufvermögen = Umschlagszeit) und die Entwicklungszeit 15 Monate beträgt. Durch Einführung von CAD gelingt es z.B., die Entwicklungszeit auf 5 Monate, also um 67 Prozent zu reduzieren. Damit kann die gesamte Umschlagszeit um 0,5 Monate, also um 10 Prozent verkürzt werden, und zwar durch Selbstkostensenkung und Umsatzerhöhung. Die Entwicklungselastizität des Reproduktionszyklus ist dann 10 : 67 = 0,15.

Die Beschleunigung des Umschlags und damit die Erhöhung der Effektivität des Reproduktionsprozesses hängt also von zwei Fak-

Tabelle 14

Anteil der Zeichner, Entwicklungsingenieure, Konstrukteure und Architekten an den Beschäftigten in verschiedenen Produktionszweigen der USA-Industrie in Prozent vor Einführung von CAD+

1.	Elektrische Ausrüstungen	10,9	17.	Stahlwaren	2,5
2.	Transportausrüstungen	13,4	18.	Möbel	2,3
3.	Maschinenbau	12,3	19.	Pharmazeutik	1,9
4.	Flugzeugbau	12,0	20.	Plasteerzeugnisse	1,7
5.	Wissenschaftliche Geräte	10,1	21.	Gummiwaren	1,7
6.	Büromaschinen	10,1	22.	Papierwaren	1,6
7.	Metallwaren	5,7	23.	Keramik, Glas	1,6
8.	Landwirtschaftliche Maschinen	4,9	24.	Papierbehältnisse	1,6
9.	Schiffbau	4,7	25.	Zementprodukte	1,1
10.	Synthesefasern	4,6	26.	Kohlebergbau	0,9
11.	Chemische Produkte	4,5	27.	Nahrungsmittel	0,4
12.	Eisenbahnanlagen	4,4	28.	Holzwaren	0,4
13.	Motorfahrzeuge	3,0	29.	Leder	0,3
14.	Metallerze	2,9	30.	Textil	0,3
15.	Bauwesen	2,8	31.	Tabakwaren	0,2
16.	Grundmetallwaren	2,7	32.	Lederwaren	0,2
			33.	Druckereien	0,2
			34.	Lederschuhe	0,1
			35.	Konfektion	0,1

Verarbeitende Industrie gesamt 3,3

+ Berechnet nach UNIDO 1982

toren ab. Erstens von der Wirksamkeit der rechnergestützten Entwicklung hinsichtlich der Verkürzung der Entwicklungszeiten, zweitens davon, wie es gelingt, diese Verkürzung umschlagswirksam zu machen. Der zweite Faktor wird oft nicht beachtet, und es wird nur mit der Verkürzung der Entwicklungszeiten argumentiert. Beispielsweise kann die Entwicklungszeit eines neuen PKW-Modells durch Anwendung der rechnergestützten Entwicklung von 24 auf 14 Monate und bei kundenspezifischen Elektronenröhren von 6 auf 1 Monat reduziert werden.[55] Die Verkürzung der Entwicklungszeiten ohne Verringerung der Umschlagszeit ist aber aus der Sicht des Zeitfaktors betrachtet praktisch ökonomisch wirkungslos, obwohl sie andere positive ökonomische Wirkungen bringen kann.

Uber die Entwicklungselastizität des Reproduktionsprozesses gibt es leider noch keine analytischen Daten. Wir wissen aber, daß sie sehr hoch ist bei mikroelektronischen Schaltkreisen, bei Kernkraftwerken, im Flugzeugbau und bei der Herstellung von EDVA. Das sind zugleich Zweige mit hoher Entwicklungsintensität. Es gibt aber auch Zweige, deren Entwicklungsintensität nach Tabelle 14 sehr niedrig ist, die jedoch eine hohe Entwicklungselastizität des Reproduktionszyklus aufweisen. Dazu gehört zum Beispiel die Schuhindustrie. Rechnergestützte Entwicklung einschließlich Werkzeugbau tragen hier dazu bei, schneller auf Modewechsel und Markterfordernisse zu reagieren. Aus diesen Zusammenhängen geht hervor, wie wesentlich die Ökonomie der Umlaufmittel mit ihrer zentralen Effektivitätskennziffer, der Umschlagszeit, für die Analyse der Konsequenzen des Zeitfaktors ist.

4.3. Zur Effektivität der rechnergestützten Entwicklung

Wie bereits erwähnt, ist eine der wichtigsten Nutzenskomponenten der rechnergestützten Entwicklung die höhere Flexibilität, die Fähigkeit, schneller neue Erzeugnisvarianten zu entwickeln. Mit der rechnergestützten Entwicklung und Fertigung wird es erstmalig möglich, die Vorteile der Automatisierung in neuerungsintensiven, hochinnovativen Zweigen und Bereichen zu nutzen. Es können viel mehr Varianten durchgesetzt werden, und die Produktivität der Entwicklung steigt wesentlich an. Da mehr durchgerechnet, simuliert und optimiert wird, zeigen die traditionellen Leistungskennziffern der Entwicklung allerdings oft Steigerungsraten, die nicht der wirklichen Produktivitätserhöhung der Entwicklung entsprechen. Sie berücksichtigen nicht die qualitative Verbesserung des Ergebnisses.

Als weitere Nutzensarten werden genannt[56]:
- Arbeitskräftefreisetzung,
- Verkürzung der Entwicklungszeit,
- Erhöhung des Veredelungsgrades,
- Beschleunigung des Neuerungstempos,
- Verbesserung der Arbeitsbedingungen,
- Material- und Energieeinsparung,
- bessere Arbeitszeitausnutzung,

- geringere Fehlerrate,
- geringerer Aufwand für Prototypen.

Hierbei sollte nie außer acht gelassen werden, daß die rechnergestützte Entwicklung (CAD) nur ein Hilfsmittel für die Arbeit qualifizierter Ingenieure und Konstrukteure ist, durch welches sie miteinander kommunizieren und ihre Leistungsfähigkeit in einem bisher nicht gekannten Umfang steigern können. Es darf auch nicht übersehen werden, daß die rechnergestützte Entwicklung als Produktivkraft im Kapitalismus einer Logik folgt, die profitgesteuert ist und keine Rücksicht auf den arbeitenden Menschen nimmt. Diese Logik richtet sich gegen den Menschen und läßt vermuten, daß hier mit Hilfe des Computers die Sinnentleerung des Produktionsprozesses auch auf die geistige Arbeit des Entwicklers, Konstrukteurs und Modelleurs durchschlägt. Erstens werden die Erfahrungen der Konstrukteure der Maschine bzw. der Software einverleibt, also kapitalisiert. Damit eignet sich das Kapital nicht nur den Mehrwert an, es stillt nun seine Gier auch an dem, was wir das historische Element im Preis der Ware Arbeitskraft nennen. Ein Arbeiter, der im "teach-in"-Verfahren den Roboter führt, läßt seine Produktionserfahrung ins mikroelektronische Gedächtnis übertragen, entwertet seine Arbeitskraft, gefährdet seinen eigenen und weitere Arbeitsplätze. "Der Arbeiter nimmt die Spritzpistole wie üblich in seine Hand und vollzieht den Arbeitsprozeß. Während er dies tut, speichert das neue System genau, wo sich die Spritzpistole jeweils befindet, und zwar in XYZ-Koordination, und ob sie angeschaltet oder ausgeschaltet ist. Auf diese Weise ist das Wissen, das in dem Kopf des Arbeiters existierte, von ihm weggesaugt und in dem feindlichen Kontrollsystem objektiviert, von wo es ihm als eine fremde und feindliche Macht entgegentritt. Man kann sagen, daß der Arbeiter Leben auf die Maschine übertragen hat; aber indem er dies gemacht hat, hat er zugleich sich selbst dequalifiziert ... Daß vergegenständlichte Arbeit außerhalb des Arbeiters existiert, wird nachdrücklich demonstriert, wenn der Arbeitgeber entscheidet, die Lochstreifen in ein anderes Land zu bringen und die Arbeit dort erledigen zu lassen. Das ist übrigens natürlich genau das, was die Multis tun."[57]

Zweitens verringern Standardprozeduren und Optimierung den

schöpferischen Spielraum des Entwicklers. Die Entwicklungsaktivitäten werden weiter weg von der realen Welt in eine abstraktere Ebene verlagert.

Drittens wird der Mensch dem Rhythmus des technischen Systems unterworfen. Ihm bleibt nur ein geringer schöpferischer Spielraum. Der englische Ingenieur und engagierte Gewerkschaftler Mike Cooley beschreibt den Zusammenhang zwischen Entscheidungsgeschwindigkeit und Kreativität folgendermaßen: "In der Tat kann der Computer quantitative Daten so unglaublich schnell bereitstellen, daß die Entscheidungsgeschwindigkeit des Entwerfers, der versucht, mit den qualitativen Elementen umzugehen, ungefähr um 1900% in die Höhe getrieben wird. Wenn ein Designer versucht, mit dieser Entscheidungsgeschwindigkeit Schritt zu halten, so sinkt seine Kreativität um 30% in der ersten Stunde, um 80% in der zweiten, und danach ist er durch die Tätigkeit total verwirrt."[58]

Dabei ist das menschliche Gehirn mit seinen möglichen synaptischen Verbindungen von 10^{14} einem modernen Roboter mit Zeichenerkennung und 10^{3} möglichen synaptischen Verbindungen weit überlegen, ganz zu schweigen von anderen Qualitäten des ganzheitlichen menschlichen Denkens. "Warum entwickeln wir bewußt Geräte, die die 10^{3}-Maschinenintelligenz verstärken und den 10^{14}-Intellekt verringern? Menschliche Intelligenz ist mit kultureller, politischer Bewußtheit, Ideologie und anderen Faktoren verbunden. In unserer Gesellschaft wird das als etwas Subversives angesehen, ein guter Grund, um zu versuchen, solche Elemente zu unterdrücken oder zu eliminieren, und das ist die eigentliche allgegenwärtige ideologische Ursache."[59]

Die Anwendung von CAD setzt also eine bewußte Gestaltung der Arbeitsbedingungen voraus, damit nicht durch das Arbeitsmittel CAD die kreativen Fähigkeiten des Konstrukteurs verdrängt werden und somit ein antiproduktiver Effekt eintritt, der sowohl die Entwicklung der Persönlichkeit des Konstrukteurs unterminiert als auch letztendlich die Entwicklung der Produktivkräfte hemmt.

Die Gestaltung der Arbeitsbedingungen bei rechnergestützten Entwicklungen und Produktionsbedingungen wird immer mehr zu einem wichtigen Punkt gewerkschaftlicher Forderungen. So fordert der bekannte österreichische Gewerkschaftler Fred Margulies, die

Arbeit bei CAD-Systemen so zu gestalten, "daß der Mensch die Chance erhält, sich weiterzuentwickeln, zusätzliche Qualifikationen zu erwerben und die Arbeit weitgehend seinen jeweiligen Wünschen, Interessen und Fähigkeiten anzupassen".[60]

Das Flexibilitätspotential der neuen Informationstechnologien, das aus der freien Programmierbarkeit der Mikroprozessoren und dem modularen Konzept der Hard- und Softwaregestaltung resultiert, kann nur dann zur vollen Wirkung gebracht werden, wenn es auf der Organisationsebene und auf der Ebene der lebendigen Arbeit fortgesetzt bzw. verstärkt wird.

Es ist daher ganz wesentlich, in den sozialistischen Ländern im Zusammenhang mit der rechnergestützten Produktionsvorbereitung die Arbeit der Menschen so zu gestalten, daß ihre Qualifikation und Disponibilität gefördert wird. Das verlangt, die Arbeitsinhalte mit schöpferischen Bestandteilen anzureichern, das Schöpfertum der Werktätigen vor allem bei der Gestaltung ihrer eigenen Arbeitsplätze voll zur Wirkung zu bringen.

Grundsätzlich bietet die Anwendung der rechnergestützten Technologien außerhalb der Produktion dafür weitreichende Möglichkeiten, da die geistigen Routineoperationen substituiert auf die Technik übertragen werden. Ob dadurch allerdings schöpferische Arbeitsinhalte entstehen, das ist in erster Linie von der konkreten Organisation der Prozesse abhängig.

Der Substitutionsprozeß beeinflußt nur allgemein die Funktionsteilung zwischen Mensch und Maschine. Wie jedoch die nach der Substitution verbleibenden "restlichen" und die durch die Nutzung der Arbeitsmittel neu entstehenden menschlichen Arbeitsfunktionen zu Arbeitsaufgaben[61] gebündelt werden, das wird durch die innerbetriebliche Arbeitsteilung entschieden. Die überwiegend schöpferischen Arbeitsaufgaben in der Produktionsvorbereitung sind dadurch gekennzeichnet, daß eine Substitution lebendiger durch vergegenständlichte Arbeit in der Regel nicht vollständig und durchgängig möglich ist.

Wie die gemachten Erfahrungen zeigen, ist die unmittelbare Teilnahme der Arbeiter und Ingenieure bei der Konzipierung und Inbetriebnahme von Systemen der flexiblen Automatisierung eine Grundvoraussetzung für ihren Erfolg. Nur so ist eine rationelle Arbeitsteilung zwischen Produktionsvorbereitung und Produktionsdurchführung, der Grad der Spezialisierung der Arbeitskräfte und der Rhythmus des Wechsels der Tätigkeiten sowie der mögliche Umfang der Gruppenarbeit zu ermitteln.

In schwachstrukturierten Problembearbeitungs- und -lösungsprozessen sind schöpferische, formalisierbare und schematisierbare und damit auch algorithmierbare Arbeitsfunktionen mehr oder weniger stark verflochten. Ihre Grenzen sind in Abhängigkeit vom Erkenntnisfortschritt und der subjektiven Arbeitsweise des Problembearbeiters fließend.

Demzufolge lassen sich die durch Technik substituierbaren Arbeitsfunktionen effektiv nur in bestimmtem Maße aus den komplexen Arbeitsaufgaben des produktionsvorbereitenden Personals herauslösen. Damit waren für die Nutzung der konventionellen Datenverarbeitung (Massendatenverarbeitung in Stapelbetrieb) in der Produktionsvorbereitung von vornherein Grenzen gesetzt, die nun mit den CAD- bzw. CAD/CAM-Systemen schrittweise überwunden werden.

Die effektive Nutzung dieser neuen Technologien setzt ihre unmittelbare Integration in den geistigen Arbeitsprozeß voraus, dem durch dezentralen Einsatz der Rechentechnik und benutzerfreundliche Dialogverarbeitung weitgehend entsprochen wird. Eine notwendige unmittelbare Verfügbarkeit der Rechnerressourcen am Arbeitsplatz der Konstrukteure und Entwickler verlangt, die zeitlichen und kapazitiven Einschränkungen des Zugriffs auf Rechenzeit und Datenfonds unter Berücksichtigung von Sicherheitsbestimmungen abzubauen. Bereits durch die Auswahl des Dialogtyps (rechnergeführter, benutzergeführter Dialog, Dialogsprache) oder die Art der Nutzung der Rechentechnik und Datenbanken wird die Gestaltung schöpferischer Arbeitsinhalte beeinflußt.

Ein weiterer wesentlicher Faktor ist, wie die durch Technikeinsatz frei werdenden Zeitfonds der einzelnen Arbeitskräfte für die Lösung schöpferischer neuer Aufgaben genutzt werden. Man kann nicht davon ausgehen, daß die durch CAD/CAM-Technologien erzielbare 25-74%ige Reduzierung des Zeitaufwandes in der Produktionsvorbereitung automatisch in eine demgemäße Leistungssteigerung für innovative Produktion umgesetzt wird. Im Gegenteil, erst mit der Übertragung neuer, weiterreichender Aufgabenstellungen können die Arbeitskräfte. hohe Qualifikation und Disponibilität sowie Bereitschaft zur Übernahme neuer Aufgaben vorausgesetzt, diese Zielstellungen realisieren. Es wird also deutlich, daß sich an die Technisierung der Prozesse eine Fülle organisatorischer und Leitungsaufgaben anschließt, bevor die Effektivitätspotentiale in wirksame Effekte zur Leistungssteigerung des Reproduktionsprozesses als Ganzes umgesetzt werden können.

Ganz falsch ist auf jeden Fall die Auffassung, daß diese neue Technik automatisch nur Vorteile bringt. Diese Meinung ignoriert die Möglichkeit schädlicher Neben- und Fernwirkungen, die bei jeder Neuerung gegeben sind. Entscheidend ist nicht allein die Technik. Es gibt, wie Lenin sagte, keine bürgerlichen und proletarischen Lokomotiven. Wesentlich sind die gesellschaftliche Anwendung der Technik, die Organisation ihrer Wirksamkeit in einem bestimmten Umfeld, die Beziehung von Mensch - Maschine und die zwischenmenschlichen Beziehungen im Arbeitsprozeß.

Bei uns stehen die sozialen Erfordernisse der neuen Technik von vornherein im Blickfeld; sie werden bereits bei der Planung und Projektierung berücksichtigt.[62] Dazu gehört ein Arbeitsregime an den Bildschirmen, das Schäden für die Sehkraft vermeidet, eine Organisation des Arbeitsplatzes, die evtl. Vereinsamungstendenzen entgegenwirkt, die aktive Mitwirkung der Entwickler an der Entscheidungsfindung, ihre Zusammenarbeit mit der Produktion in der realen Dimension und nicht nur über den Bildschirm u.a.m.

In erster Linie sind die in den Produktionsbereichen gesammelten Erfahrungen bei der Gestaltung progressiver Arbeitsinhalte unter Berücksichtigung der Spezifik der Prozesse auch für Arbeitsbereiche der Produktionsvorbereitung auszunutzen. Analysen auf dem Gebiet der EDV-Einsatzvorbereitung zeigen jedoch, daß arbeitswissenschaftliche Anforderungen gegenwärtig noch weitgehend unberücksichtigt bleiben. Eine frühzeitige Bewertung der Auswirkungen der Neuerungen auf die Arbeitskräfte gestattet, negative Arbeitskräfteeffekte zu minimieren, im Gegenteil die Neuerungen für die progressive Entwicklung der Arbeitsinhalte und -bedingungen zu nutzen. Arbeitswissenschaftliche Anforderungen an CAD/CAM-Systeme betreffen beispielsweise die Gestaltung von Arbeitsfunktionen, die die Aktivität und Entscheidungsfreude der Arbeitskräfte fördern, technologische Zwangsfolgen in der Mensch-Maschine-Kommunikation vermeiden, die Antwortzeiten in der Dialogverarbeitung an das subjektive Informationsverarbeitungsvermögen des Menschan anpassen, soziale Isolation und psychische Fehlbeanspruchungen eliminieren oder günstige arbeitshygienische Bedingungen schaffen.

Um Polarisierungstendenzen der Qualifikation zu verhindern, sind die Gestaltungsspielräume der Technologien und insbesondere der Arbeitsorganisation voll auszuschöpfen. Da bei integrierten Informationssystemen arbeitsorganisatorische Regelungen stärker in technologische Abläufe und damit in Software übergehen, sind arbeitswissenschaftliche, soziale und psychologische Erkenntnisse insbesondere auch bei der Softwareentwicklung sowie der damit zusammenhängenden Organisationsprojektierung auszunutzen.

Der dezentrale Einsatz der Rechentechnik erfordert ohnehin eine neue, am Endbenutzer orientierte Gestaltungsstrategie, die nur erfüllt werden kann, wenn die Fachkader unmittelbar in die Einsatzvorbereitung einbezogen werden, wenn sie ihre Arbeitsaufgaben modellmäßig, in heuristischer Arbeitsweise für den Rechnereinsatz aufbereiten.

Was die Aufwandsseite betrifft, so sehen wir uns mit dem Problem konfrontiert, daß alle Arbeitsmittel der flexiblen Automatisierung bei uns nur zu unverhältnismäßig hohen Preisen oder Kosten (im Falle des Eigenbaues) beschaffbar sind und dennoch oftmals internationale Leistungsparameter nicht erreichen. Dazu kann man nur feststellen, daß jede Innovation in der Einführungsphase mit überdurchschnittlichen Aufwandskennziffern und unterdurchschnittlicher Effektivität startet, weshalb u.E. besondere Finanzierungs- bzw. Kreditierungsformen erforderlich sind.

In den USA kostete das erste CAD-System der IBM in den sechziger Jahren etwa 3 Mill. Dollar.[63] 1980 dagegen kostete ein CAD-System der Firma Computervision im Durchschnitt etwa 437 000 Dollar. Während ein Zeichnerarbeitsplatz 2 000 Dollar kostete, lag der Preis eines kleinen CAD-Systems mit Mikrorechner, einem Bildschirm und zwei einfachen Anwendungsprogrammen 1982 bei 30 000 bis 50 000 Dollar. Systeme mit Minicomputer sind ab 60 000 Dollar aufwärts zu haben. Das System IGS 400 von CAL kostet 60 000 Dollar. Es besteht aus einem Minicomputer, einem 50 Megabyte Plattenspeicher, einer Arbeitsstation mit 64 000-byte-Bildprozessor und einer 15-Zoll-Anzeige, einem 11 x 11-Zoll-Digitalisierpult, einem elektronischen Bildstift und Rasterscanner. Das Softwaresystem GDS kostet 25 000 Dollar und ist rentabel für ein Zeichenbüro mit 20 Beschäftigten.[64]

Ein Bildschirmgerät (Terminal) kostet je nach Ausführung und Leistung zwischen 25 000 und 175 000 Dollar. Die Preise der standardisierten mikroelektronischen Hardware sinken weiter, da diese Erzeugnisse längst in sehr großen Serien gefertigt werden. Bei einem Produktivitätsfaktor von 3,3 : 1 zwischen CAD-System und manueller Entwicklung auf 2-Schicht-Basis, einem Investitionsaufwand von 126 727 Dollar und einem Lohnaufwand von 41 975 Dollar wurde 1980 eine Rückflußdauer von 10 Monaten berechnet.[65]

Von einem solchen Effektivitätsniveau sind wir derzeit noch weit entfernt, da die Preise der Ausrüstungen für die rechnergestützte Entwicklung unverhältnismäßig hoch sind. Das ist ein Problem, dem sich alle Länder in der Einführungsphase einer Innovation gegenüber sehen.

In der Einführungsphase liegt die dynamische Effektivität (die Effektivität der Neuerung) immer unter der durchschnittlichen Effektivität. Erfolgreiche Innovationen haben jedoch eine positive erste Ableitung der relativen Neuerungseffektivität über der Zeit, ihre dynamische Effektivität wächst schneller als die durchschnittliche Effektivität und nähert sich immer mehr dem Niveau der durchschnittlichen Effektivität. Hiervon muß man in der Einführungsphase ausgehen.

Das Hauptargument muß das Wachstum der relativen Neuerungseffektivität sein, nicht das bereits vorhandene Niveau der Effektivität. Dies darf natürlich nicht dazu führen, quantitative Effektivitätsberechnungen a b z u l e h n e n , womöglich mit dem Argument, das Neue nicht desavouieren zu wollen.

In der Wirtschaftspraxis werden oft auch gewisse "Tricks" im Interesse der guten Sache angewandt, wie die Untertreibung künftiger Investitionsaufwendungen, das einseitige Herausstreichen bestimmter technisch-ökonomischer Effekte, das Hineinlancieren in den Plan mit Hilfe zeitgebundener, aktueller Argumente. Bei aller Beachtung der qualitativen Momente und der Wunschvorstellungen gegenüber der neuen Technik ist das harte ökonomische

Kalkül letztlich bestimmend. Keine Innovation kann sich auf die Dauer um das Aufwand-Nutzen-Verhältnis herummogeln. Eine schnelle Ausbreitung ist nur erreichbar durch schrittweise Ökonomisierung des Neuen. Wenn der mögliche Fondsvorschuß begrenzt ist, muß man zunächst Teilschritte realisieren, die einen abrechenbaren Nutzen bringen.

Abbildung 16 zeigt wesentliche Einflußfaktoren der Effektivität bei der rechnergestützten Entwicklung als Bestandteil der flexiblen Automatisierung. Es sind positive und negative Rückkopplungen, die hier auftreten und darauf hindeuten, in welcher Richtung optimale oder wenigstens Kompromißlösungen gefunden werden müssen. So wirkt die Neuerungsrate direkt positiv auf den Umsatz und damit auf die Effektivität, andererseits wirkt sie über andere Schleifen aufwandserhöhend. Kürzere Entwicklungszeiten wirken positiv auf die Umschlagsgeschwindigkeit, andererseits erhöhen sie den jährlichen Arbeitsaufwand in der Entwicklung. Die flexible Automatisierung verändert das Niveau der Kompromißlösungen zugunsten einer höheren Effektivität insgesamt.

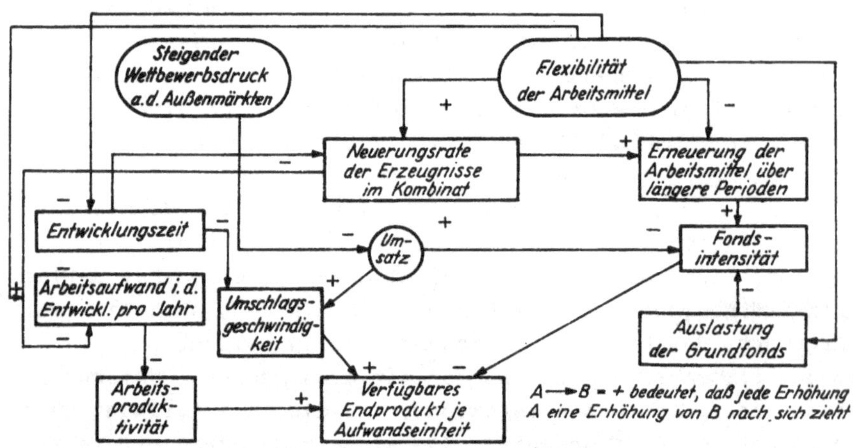

Abbildung 16

Wesentliche Einflußfaktoren der Effektivität bei der rechnergestützten Entwicklung als Bestandteil der flexiblen Automatisierung

Ferner müssen bei der Effektivitätsanalyse weitere Aspekte beachtet werden. Dazu gehört vor allem die Einlauf- oder Lernkurve. International rechnet man mit einer Periode von 3 Monaten, bis das neue System das Leistungsniveau der manuellen Zeichner erreicht, 3 weitere Monate dienen der Festigung der erlernten Fähigkeiten und 4 bis 6 Monate der Erreichung der vollen projektierten Leistungsfähigkeit von etwa 3 : 1.

Dabei muß man sehen, daß die Zeiteinsparung nicht allein aus der Automatisierung der Konstruktionszeichnungen kommt, sondern auch aus der Verringerung der Zeiten der Ablauforganisation und Information, die mit der Entwicklung und Konstruktion zusammenhängt. Auch der Größenmaßstab des Systems ist wesentlich. Systeme mit Minirechner und bis zu 8 Bildschirmen werden erst bei einer Entwicklungskapazität von mehr als 10 Beschäftigten für rentabel gehalten. Bei uns wird dieser Wert zur Zeit noch wesentlich höher liegen.

4.4. Rechnergestützte Entwicklung und Fertigung und neue Aufgaben für Leitung und Planung

Ende der sechziger Jahre wurde in der DDR sehr intensiv auf dem Gebiet der Automatisierung gearbeitet. Die zentralen Automatisierungsvorhaben nahmen einen vorrangigen Platz in der objektbezogenen Planung ein. Erste Projekte der Automatisierung der technischen Produktionsvorbereitung wie Autotech u.a. wurden damals begonnen. Diese Arbeiten wurden aber in den siebziger Jahren zunächst nicht im gleichen Tempo weitergeführt. Ende der siebziger Jahre und Anfang der achtziger Jahre waren solche Programme wie Radstadyn, Gitra, NV 331, NV 461, Reodime und Autra entstanden, die auf Großrechnern abgearbeitet wurden.[66] Weitere Programme arbeiten auf kleineren Rechnern, wie GRAFIS oder Gig. Zur Gesamtsituation auf dem Gebiet der Konstruktion heißt es jedoch in einem Artikel: "Im krassen Widerspruch zu diesen Pionier- und Spitzenleistungen steht die Anwendung der Rechentechnik beim praktisch tätigen Konstrukteur. Sie beschränkt sich derzeit vorwiegend auf die Nutzung von nicht programmierbaren Taschenrechnern, denn die Anwendung der EDV-Programme (unabhängig ob für Klein- oder Großrechner) für wissenschaftlich-technische Berechnungen, Auswertung von Messungen und die Stücklistenorganisation obliegt im allgemeinen speziell geschaffenen Abteilungen oder Gruppen."[67]

Die Separation der EDV-Nutzung als Domäne von EDV-Spezialisten wird allgemein als ein Hemmnis für die Durchsetzung der rechnergestützten Arbeit in neuen Bereichen genannt.[68] Sie ist nicht selten auch das Ergebnis der grundsätzlichen Einstellung des Leiters zu den Möglichkeiten der rechnergestützten Arbeit.

Wie praktische Beispiele zeigen, sind es oft keineswegs die begrenzten materiellen Möglichkeiten, die das Entwicklungstempo auf diesem Gebiet in erster Linie hemmen. Das mögliche Ausbreitungspotential der rechnergestützten Entwicklung kann man wie folgt abschätzen: Rechnet man mit etwa 33 000 Zeichnern, 95 000 Entwicklern und Konstrukteuren sowie etwa 26 000 Projektierungskräften in der DDR, so beträgt das allgemeine Einsparungspotential etwa 154 000 Arbeitsplätze. Nehmen wir ferner an, daß beim gegenwärtigen Stand der CAD-Technik etwa 50 Prozent dieses Einsparungspotentials real ausschöpfbar ist, so kommt man auf rund 77 000 Arbeitsplätze. Bei einem Produktivitätsverhältnis von 1 : 3 und Übergang zur 2-Schicht-Auslastung wären in der DDR etwa 12800 CAD-Systeme erforderlich.

Schätzt man die Zahl der bei uns eingeführten Systeme der rechnergestützten Entwicklung und Projektierung auf 300, so ist dies eine Ausbreitungsrate von etwa 2 Prozent. Sie wird jedoch in den kommenden Jahren sehr schnell ansteigen müssen. So entwickelt z.B. das Kombinat Umformtechnik mit Gerätetechnik aus der DDR und anderen RGW-Ländern einen Konstrukteur- und Technologiearbeitsplatz für die gesamte technische Vorbereitung großer Maschinenbaugruppen. 1983 und 1984 werden im Kombinat etwa 200 Bildschirmarbeitsplätze in der Konstruktion, Technologie und Materialwirtschaft eingesetzt, und damit wird die Auftragsabwicklung rechnergestützt absolviert und um ein Drittel verkürzt.[69]

Aus der flexiblen Automatisierung im Bereich der Produktionsvorbereitung ergeben sich neue Anforderungen an die Leitung und Planung. Das betrifft in erster Linie die Notwendigkeit, die Erfahrungen der Erstanwender schnell zu verallgemeinern und den Informationsfluß in den Fragen der flexiblen Automatisierung zu intensivieren. Auf die Notwendigkeit, die Projekte komplex bis hin zu den sozialen Anforderungen und Konsequenzen durchzuarbeiten, haben wir bereits hingewiesen. Forschungs-Produktions-Vereinigungen und Anwendergemeinschaften können dazu beitragen, die Vorzüge des sozialistischen Wirtschaftssystems auf diesem Gebiet klug zu nutzen. Die rechnergestützte Entwicklung stand bisher nicht so im Vordergrund wie eine andere Säule der flexiblen Automatisierung, die prozeßflexiblen Roboter. Es ist aber auch auf diesem Gebiet notwendig, eine strategische Gesamtkonzeption auszuarbeiten, da die Weltmarktfähigkeit unserer verarbeitenden Industrie in hohem Maße von diesem Faktor abhängt.

Praktisch werden auf der ganzen Welt zwei Strategien verfolgt: Erstens die weitere Ausbreitung und schrittweise Vervollkommnung der Elemente der flexiblen Automatisierung, die sich bereits bewährt haben, wie prozeßflexible Roboter, automatisierte Fertigungssysteme u.a. Dabei wird zunehmend Wert auf Modulbauweise und auf Kompatibilität gelegt, möglichst im Hinblick auf zukünftige komplexe Lösungen. Zweitens die direkte Entwicklung komplexer Lösungen der flexiblen Automatisierung. Das erfordert große wissenschaftlich-technische Potentiale in zeitlich koordiniertem Einsatz für die verschiedenen Elemente der Lösung. Kleinere Potentiale mit längerfristig verteilten Projekten setzen sich dem Risiko aus, daß das zuerst bearbeitete Element moralisch veraltet ist, wenn das Gesamtprojekt seinem Ende zugeht.

Allerdings bietet das modulare Konzept der Hard- und Softwareentwicklung auch günstige Voraussetzungen für einen gleitenden Übergang von einfachen zu höheren Formen technisierter Informationsverarbeitung, was gut dem Lernverhalten der Prozesse und Arbeitskräfte entspricht. Hardwareseitig ist durch die Digitalisierung eine Vereinheitlichung der Prozeßtechnik und der Informationsverarbeitungstechnik mit Datenverarbeitungs-, Nachrichten- und Textverarbeitungstechnik zu beobachten. Durch standardisierte Schnittstellen wird zunehmend besser eine Kompatibilität der Geräte untereinander angestrebt. So lassen sie sich zu inner- wie überbetrieblichen Rechnernetzen und Verbundsystemen unter Beachtung von Rechnerhierarchien zusammenschließen. Ihr modularer Aufbau macht ein Nachrüsten der Systeme und nachträgliches Erweitern des Funktionsumfanges einzelner Geräte möglich, wodurch eine schrittweise Einbeziehung neuer Aufgabengebiete sowie ein Anpassen an veränderte Bedingungen (neue Organisationsstrukturen, unterschiedliche Leistungspotentiale der Arbeitskräfte) gewährleistet werden kann.

Auf der Software-Seite gestattet das modulare Konzept der Bausteinprogrammierung mit vereinheitlichten Schnittstellen, die Informationsverarbeitungsaufgaben in abgegrenzte Teilaufgaben (Elementarprozesse) zu gliedern und sie schrittweise für die Abarbeitung durch die Rechentechnik vorzubereiten. Die Daten werden am Ort ihrer Entstehung erfaßt und durch die integrierte Verknüpfung für die vielfältigsten Aufgaben der Produktionsvorbereitung, -durchführung, -planung, -lenkung und -kontrolle maschinell verarbeitet.

Dabei sind die spezifischen Informationsverarbeitungsaufgaben bei der Strukturierung der Daten zumeist noch nicht bekannt. Ein neues Datenbankkonzept (unterschiedliche Datenstrukturen, interaktive Arbeitsweise) bildet die Voraussetzung für dieses integrative Herangehen.

Im Rahmen des Aufbaus einer komplexen rechnergestützten Lösung für die Produktionsvorbereitung in einem Kombinat des Werkzeugmaschinenbaus wurden dementsprechend folgende elementare Prozesse herausgearbeitet und in ihrer informationellen Kopplung untereinander analysiert, um eine durchgängige Automatisierungslösung für die Produktionsvorbereitung, Produktionsdurchführung einschließlich ihrer Leitung und Planung zu schaffen[70]:

- Verkaufsvorbereitung,
- lang- und mittelfristige Produktionsplanung,
- Konstruktionsprozeß,
- technologische Planung,
- technologische Planung der Grundfondsreproduktion,
- technologische Projektierung,
- technologische Fertigungsvorbereitung,
- Fertigungsmittelwirtschaft,
- Materialwirtschaft,
- zentrale Organisation der Produktionsabläufe,
- dezentrale Organisation der Produktionsabläufe,

in begrenztem Maße auch

- Gütesicherung,
- Kaderarbeit.

Diese weitreichende integrierte Lösung zielt auf drei Schwerpunkte ab:

- Aufbau und Anwendung einer integrierten Datenbasis für die Stücklisten-, Arbeitsplan- und Arbeitsplatzdaten in Verbindung mit einer algorithmischen und dialogorientierten Verwertung dieser Daten für eine integrierte Arbeitsweise in der Konstruktion und technologischen Produktionsvorbereitung;
- Anwendung der Digitalgraphik mit dem Ziel, wesentliche ökonomische Effekte in der Materialeinsparung zu erzielen und die Arbeitsinhalte der Konstrukteure und Technologen mit schöpferischen Bestandteilen anzureichern;
- Schaffung einer hierarchischen Datenbasis und Verknüpfung der Stücklisten- und Arbeitsplandaten mit den Auftragsdaten der Produktionsplanung zur rechnergestützten Fertigungssteuerung, Kapazitätsbilanzierung, rechnergestützten Auftragsprojektierung.

Mit der integrativen Lösung von konstruktiver und technologischer Produktionsvorbereitung werden

- durch die Wiederverwendung einmal erfaßter Daten Doppelarbeiten vermieden,
- durch die Erhöhung der Parallelität in der Abarbeitung der Arbeitsschritte der konstruktiven und technologischen Vorbereitung auf Basis eines einheitlichen Datenfonds wesentliche Zeitverkürzungen erzielt und
- durch die projektierende Arbeitsweise der Konstrukteure und Technologen im interaktiven Dialog mit der Rechentechnik qualitativ bessere Entwicklungsergebnisse mit höherer Aktualität und Exaktheit der Fertigungsunterlagen erzielt.

Insbesondere der letztgenannte Faktor trägt zur Erhöhung der Kontinuität, Proportionalität, Parallelität und Rhythmizität der Produktionsprozesse bei.

Einige Betriebe des Maschinenbaus gehen zur Verkürzung der Entwicklungs- und Überleitungsfristen neuer Erzeugnisse und Verfahren dazu über, die Nullserien und Konstruktionsmuster einzusparen. Das setzt rationelle Arbeitsweise der Änderung der konstruktiven und technologischen Daten auch noch während des Produktionsablaufs voraus.

Mit CAD/CAM-Technologien werden im Vergleich zur herkömmlichen Arbeitsweise der Konstrukteure und Technologen beispiels-

weise folgende allgemeine Zeiteffekte erzielt:
- Reduzierung der Durchlaufzeit der Erzeugnisse um 25 bis 80%,
- Senkung des Zeitaufwandes für die Herstellung der NC-Steuerprogramme um 60 bis 90%,
- Gewinnung von Technologiekapazitäten um 50%,
- Reduzierung des Zeitaufwandes in der Produktionsvorbereitung um 25 bis 75%,
- Erhöhung der Produktivität der Herstellung der Konstruktionszeichnungen um den Faktor 3 bis 30.

Diese Zeitgewinne resultieren also insbesondere aus breiteren Möglichkeiten einer parallelen Arbeitsweise sowohl innerhalb der Konstruktion als auch zwischen konstruktiver und technologischer Produktionsvorbereitung sowie aus der Erhöhung der Flexibilität beim Übergang zur Baugruppenkonstruktion.

Die Rechnernutzung in der technischen Produktionsvorbereitung setzt die Standardisierung, die modulare Bausteinprojektierung, die Anwendung von Typentechnologien und ähnlichen Maßnahmen der Unifizierung der Prozesse voraus, um den Anteil wiederverwendungsfähiger Einzelteile, Baugruppen, Arbeitsfolgen oder Arbeitsgänge möglichst groß zu halten.

Mit diesen Maßnahmen wurden in der Vergangenheit bereits wesentliche Einsparungen an lebendiger Arbeit realisiert. Bei zunehmender Typenvielfalt der Erzeugnisse und Verfahren können diese Effekte jedoch nur realisiert und ausgebaut werden, wenn ein effektives Wiederauffinden und ein rationeller Zugriff auf die entsprechenden Daten gewährleistet werden kann.

Im Prozeß der interaktiven Baugruppenkonstruktion verschmelzen die Aufgaben der Gestaltung und Berechnung mit denen der Zeichnungserstellung sowie der Erstellung der technologischen Fertigungsunterlagen.

Eine relativ weitentwickelte Variante[71] gestattet
- das automatisierte Erarbeiten des konstruktiven Entwurfs,
- das maschinelle Erstellen der Zeichnungssätze und Stücklisten,
- das maschinelle Auswerten der Erprobungsergebnisse sowie
- das gleichzeitige maschinelle Erstellen der Steuerlochstreifen für die in der Produktion eingesetzten NC-Maschinen.

Im Idealfall erfolgt also eine Rechnerunterstützung als geschlossene Prozeßkette von der Projektierung bis zur Fertigung, wie das heute z.B. bereits häufig bei der Entwicklung und Produktion von Leiterplatten in der Elektroindustrie anzutreffen ist. Die Daten werden dann von einer Phase der Entwicklung in die nächste weitergeleitet. Es ist ein ständiger Zugriff des Bearbeiters auf die entsprechenden Datenbestände, beispielsweise mit Hilfe von Terné-Sharmy-Geräten, möglich.

Im Maschinenbau werden die im Rahmen von CAD/CAM-Systemen rechnergestützt erstellten Konstruktionsdaten unmittelbar zur Erstellung der Fertigungsunterlagen, wie Arbeitspläne, Stücklisten, NC-Lochstreifen u.ä. ohne dazwischengeschaltete manuelle Arbeit genutzt.

Diese dargestellten CAD/CAM-Systeme befinden sich in der metallverarbeitenden Industrie der DDR in der Entwicklungs- bzw. Erprobungsphase. Als am weitesten fortgeschrittene Kombinate gelten der VEB Kombinat Umformtechnik "Herbert Warnke" Erfurt, VEB Werkzeugmaschinenkombinat "Fritz Heckert" Karl-Marx-Stadt, VEB Werkzeugmaschinenkombinat "7. Oktober" Berlin, VEB Kombinat ROBOTRON Dresden und VEB Kombinat Polygraph "Werner Lamberz" Leipzig.

Zwei wesentliche Bedingungen der flexiblen Automatisierung sind das Niveau des Maschinenbaus und die Qualität der Ausbildung der Fachkader. Im Zusammenwirken der Industriezweige zur Durchsetzung der flexiblen Automatisierung spielt der Maschinenbau die entscheidende Rolle. Der Maschinenbau ist und bleibt das "Gravitationszentrum" aller technischen Revolutionen, die Innovationsschmiede eines Landes. Wenn der Maschinenbau zurückbleibt, wird das Tempo der wissenschaftlich-technischen Neuerungen in anderen Bereichen der Volkswirtschaft unweigerlich gehemmt. Zur Förderung der flexiblen Automatisierung gehört daher eine klare strukturpolitische Weichenstellung zugunsten des Maschinenbaus, der in unserem Land eine bedeutende Tradition hat.

Die Ausbildung und das Training auf dem Gebiet der rechnergestützten Entwicklung in den Hoch- und Fachschulen ist eine wesentliche Voraussetzung dafür, daß die Absolventen des nächsten Jahrzehnts schnell den neuen Anforderungen gerecht werden.

5. Strategienbildung und Effektivität auf dem Gebiet der flexiblen Automatisierung

5.1. Probleme der wissenschaftlich-technischen Strategienbildung im Zusammenhang mit der flexiblen Automatisierung

Es gibt keinen technologischen Determinismus der Art, daß Basisinnovationen, wie die flexible Automatisierung, von vornherein zu einer Erhöhung der Lebensqualität, zu mehr sozialer Sicherheit, mehr Freizeit und zusätzlichen Möglichkeiten für die allseitige Entwicklung des Menschen führen. Im Gegenteil, beim Fehlen entsprechender gesellschaftlicher Voraussetzungen werden technologische Innovationen zu Geißeln für den Menschen, die ihn seiner Arbeit entfremden oder gar berauben, ihn in ein undurchschaubares Gewirr sozialer Unsicherheiten hineinziehen, seine Bedürfnisse fehlleiten und seine produktiven, sozialen und kulturellen Anlagen und Fähigkeiten verkümmern lassen, kurz: ihn zum Objekt der Ausbeutung, Manipulation und menschlicher Degradation machen. Insoweit reflektieren die bei vielen Werktätigen der kapitalistischen Länder auftauchenden Roboter- und Automationsängste wesentliche Seiten der Realität der Entwicklung der Produktivkräfte unter kapitalistischen Produktionsverhältnissen.

Die Durchsetzung der flexiblen Automatisierung im Sozialismus - als eine wesentliche Seite der Revolution der Produktivkräfte der achtziger und neunziger Jahre - erfordert eine Reihe von sozialen Voraussetzungen und führt zu wichtigen Konsequenzen.

Mit ihr sind gesellschaftliche Prozesse verbunden, deren Beherrschung die Mobilisierung der dem Sozialismus eigenen Vorzüge und Möglichkeiten erfordern. Dies sind vor allem folgende Probleme:

1. Die flexible Automatisierung ist ein Kernprozeß der gegenwärtigen wissenschaftlich-technischen Revolution. Das sich herausbildende qualitativ neue Produktivitätsniveau, welches bis Ende dieses Jahrhunderts im internationalen Maßstab 2- bis 3mal so hoch sein dürfte wie das gegenwärtige, wird maßgeblich durch sie mit bestimmt werden. Die flexible Automatisierung wird - wie wir zu zeigen versuchten - ein wesentlich höheres Tempo der Produkterneuerung ermöglichen und damit jenen Produzenten, die über sie verfügen, eine hohe Neuwertschöpfung pro Ressourceneinheit si-

chern. Hierdurch wird sie zu einer treibenden Kraft des Übergangs zum intensiven Typ der erweiterten Reproduktion in der verarbeitenden Industrie werden. Gleichzeitig erfordert sie eine Vielzahl von wissenschaftlich-technischen, ökonomischen und bildungsmäßigen Vorleistungen, die überlegt und rationell unter Nutzung des Vorhandenen erbracht werden müssen. Vor allem geht es darum, den komplizierten Zusammenhang von Einzweckautomatisierung und flexibler Automatisierung zu beherrschen. Wie wir zu zeigen versuchten, sind es durchaus nicht zwei sich ausschließende Formen der Automatisierung. Sie ergänzen einander, es gibt Übergangsformen zwischen ihnen, und zwar in beiden Richtungen. Die hohen Vorleistungen für die flexible Automatisierung erfordern ein qualitativ höheres Niveau der strategischen Arbeit. Dieselben wissenschaftlich-technischen Vorleistungen und Problemlösungen werden nur einen Bruchteil der möglichen Effektivität hervorbringen, wenn der günstigste Zeitpunkt und Zeitraum für die Hervorbringung und Nutzung der für die flexible Automatisierung relevanten Basisinnovation verfehlt werden. Mehr noch, ein großer Teil der Erzeugnisse unseres Maschinenbaus und der verarbeitenden Industrie würde nicht einmal in der Lage sein, das bereits erreichte Effektivitätsniveau zu halten.

Wenn die Hauptaufgabe der strategischen Arbeit in der Bestimmung des für die Realisierung einer Innovation vom Standpunkt der Effektivitätsentwicklung günstigsten Zeitpunktes, Zeitraums und Zeithorizontes liegt, dann kann dies natürlich nicht bedeuten, einfach den wünschenswerten Zeitpunkt und Zeitraum für eine Innovation zu deklarieren. Sie muß auch jene ökonomischen und wissenschaftlich-technischen Voraussetzungen untersuchen, die geschaffen werden müssen, um diese Ziele erreichen zu können. Über 80% des mit einer Innovation verbundenen Effektivitätswachstums hängen - bei sonst gleichen Vorleistungen und Aufwendungen - vom Zeitfaktor ab. So sind z.B. für die Kreation einer neuen Mikroprozessor-Speicher-Familie Vorleistungen von über 250 Mrd. Dollar notwendig. Die Neuwertschöpfung pro Ressourceneinheit beträgt jedoch - wie internationale Erfahrungen zeigen - bei den Produzenten, die den günstigsten Zeitpunkt lediglich um 1 1/2 Jahre verfehlen, nur 20% derjenigen, die als erste in der Lage waren, ihr Effizienzpotential zu nutzen.

Die Strategienbildung ist das niveaubestimmende Kettenglied der Ziel-Programm-Planung des wissenschaftlich-technischen Fortschritts. Erst auf der Grundlage ihrer Ergebnisse ist es möglich, langfristige Programme und konkrete Projekte zur Hervorbringung, Durchsetzung, Ausbreitung und Ökonomisierung von Basisinnovationen der flexiblen Automatisierung auszuarbeiten und zu realisieren. Auch hier muß die wissenschaftlich-technische Strategienbildung zwei unterschiedliche, aber eng miteinander verbundene Komponenten umfassen: Einmal die auf den Erkenntnisfortschritt und die Erarbeitung von Problemlösungen gerichtete strategische Arbeit im Rahmen bestimmter Disziplinen der Natur- und Technikwissenschaften bzw. interdisziplinärer Forschungskomplexe unter Einbeziehung der Gesellschaftswissenschaften, zum anderen die innovationsbezogene Strategienbildung, die sowohl von den aus dem Erkenntnisfortschritt und dem Fortschritt in der Forschungstechnik erwachsenen Problemlösungen als auch von der Entwicklung des existierenden bzw. latent vorhandenen Bedarfs ausgehen muß.

Es ist wichtig, die Spezifik dieser beiden Komponenten der wissenschaftlich-technischen Strategienbildung zu beachten, es ist aber auch wichtig, ihren Gemeinsamkeiten und den sie vermittelnden Gliedern Rechnung zu tragen.

2. Die Produktivitätssteigerung in der materiellen Produktion, wie sie durch die flexible Automatisierung möglich wird, erfordert eine radikale Umgestaltung der Arbeitsprozesse in den nichtmateriellen Bereichen der Volkswirtschaft, vor allem bei der Leitung, Planung und Organisation der Produktion. Hier eröffnen Büroautomatisierung und Telekommunikation - auf der Grundlage der Mikroelektronik - völlig neue Möglichkeiten, um die Beziehungen zwischen den einzelnen Ebenen der Volkswirtschaft, zwischen Produktion und Konsumtion viel direkter und effektiver zu gestalten. Eine Reihe von Zwischengliedern kann wegfallen, und es wird möglich, Informationsverluste zu verringern und die Flexibilität der Produktion im Hinblick auf wissenschaftlich-technische Neuerungen zu erhöhen. Es entstehen aber auch neue Möglichkeiten für die weitere Entwicklung der sozialistischen Demokratie durch die wirksamere Einbeziehung der Werktätigen in die Vorbereitung und Durchführung von Entscheidungen.

3. Die Realisierung der Fertigungssysteme der flexiblen Automa-

tisierung erfordert ein neues Niveau der Investitionstätigkeit, da es sich um die Gestaltung nicht nur der Fertigungsprozesse, sondern auch der Handhabungsprozesse, nicht nur der Haupt-, sondern auch der Neben- und Hilfsprozesse, nicht nur der Produktionsprozesse, sondern auch der Prozesse der Leitung und Planung, nicht nur der Arbeitsprozesse, sondern auch der Arbeitsbedingungen handelt. Hier müssen Rekonstruktion und Erweiterung zu einem einheitlichen Prozeß verschmelzen. Eine solche radikale Umgestaltung der Produktion ist im Sozialismus nur zu bewältigen, wenn von Beginn an eine projektbezogene Gemeinschaftsarbeit von Leitern, Wissenschaftlern, Ingenieuren und Arbeitern zustande kommt, um Lösungen zu finden, die sowohl die Produktivität der Arbeit wesentlich erhöhen, als auch helfen, den sozialistischen Charakter der Arbeit weiter auszuprägen.

4. Aus den mit der flexiblen Automatisierung eröffneten Möglichkeiten eines direkten Mensch-Maschine-Dialogs ergeben sich spezifische Anforderungen an das Qualifikationsniveau und die Flexibilität der Arbeitskräfte. Hierbei geht es nicht nur um die rechtzeitige Vorbereitung der Werktätigen zur Inbetriebnahme, Wartung und Unterhaltung von Produktionseinheiten der flexiblen Automatisierung, sondern auch um die Beseitigung von Barrieren für die Anwendung und die Ausbreitung der modernen Rechentechnik bei der Steuerung von Produktionssystemen. Die flexible Automatisierung überträgt den Ingenieuren und den Facharbeitern nicht nur die Aufgabe, das Fertigungssystem durch Integration von CNC-Werkzeugmaschinen und prozeßflexiblen Robotern einzurichten und mit ihnen zu kommunizieren, sondern auch die, die gegebenen Standardprogramme zu optimieren und zu korrigieren. Das erfordert auf allen Stufen des Bildungswesens, den praktischen Umgang mit der modernen Rechentechnik zur Lösung von Aufgaben des täglichen Lebens zu einer Grundsäule der Berufsausbildung und der sozialistischen Allgemeinbildung zu machen.

5. In den letzten Jahren hat die Mikroelektronik zu einer drastischen Erhöhung des Wirkungsgrades ihrer technischen Komponenten geführt. So ist es heute möglich, Hunderttausende von Transistorschaltungen auf einem winzigen Chip zu vereinen und die Schaltzeiten innerhalb der integrierten Schaltkreise auf millionstel Sekunden zu verringern. Die Speicherkapazitäten der Mikroprozes-

soren sind ständig gewachsen, wobei die Kosten je Transistorfunktion und Speichereinheit drastisch sanken. Die äußerst beeindrukkende Erhöhung des Wirkungsgrades der technischen Komponenten der Rechentechnik (Hardware) durch Mikroelektronik ist eine große Herausforderung für die Entwicklung der notwendigen Software (Programme, Programmsysteme und Datenbestände) und der Orgware (organisatorische Lösungen für den rationellen Einsatz der modernen Rechentechnik), denn nur mit ihrer Hilfe ist es möglich, das mit der Hardware der Mikroelektronik geschaffene Effizienzpotential voll zu nutzen.

Die flexible Automatisierung ist allein auf der Grundlage einer hochentwickelten Hardware nicht realisierbar; dies ist nur im Rahmen einer intelligent ausgearbeiteten Soft- und Orgware möglich.[72]

Soft- und Orgware kodifizieren die Erkenntnisse der Logik, der Mathematik (Optimierungstheorie, Wahrscheinlichkeitstheorie), der Entscheidungs- und Simulationstheorie, der Natur- und Wirtschaftswissenschaften in einer Form, daß sie unmittelbare Produktivkraft bei der Erzeugung von materiellen Gebrauchsgütern zu werden vermögen. Die großen innovativen Impulse für die flexible Automatisierung werden in den nächsten Jahren vor allem von seiten der Soft- und Orgware ausgehen, durch die es erst möglich wird, das durch die Mikroelektronik aufgebaute Effizienzpotential voll zu nutzen. Deshalb wird zielgerichtete Erarbeitung von Soft- und Orgwarelösungen unter Nutzung der Erkenntnisse der angewandten Systemanalyse, der Simulations- und Entscheidungstheorie von großer Bedeutung für die Durchsetzung der flexiblen Automatisierung sein. Eine erfolgreiche Arbeit auf dem Gebiet der Soft- und Orgware für die flexible Automatisierung ist nur bei Schaffung eines entsprechenden Vorlaufs auf dem Gebiet der mathematisch-naturwissenschaftlichen und wirtschaftswissenschaftlichen Grundlagenforschung und einer projektbezogenen Gemeinschaftsarbeit von technischer Grundlagenforschung, Computerspezialisten, Systemanalytikern, Ökonomen und Mathematikern möglich.

Die flexible Automatisierung stellt besonders hohe Anforderungen an die Software-Entwicklung. Sie wird den gegenwärtigen Prozeß der Herausbildung einer eigenen Software-Industrie vorantreiben und neue Möglichkeiten für die Verwandlung von wissenschaftlichen Disziplinen - die bisher weit außerhalb der Produktion standen - in unmittelbare Produktivkraft schaffen. Abbildung 17 zeigt, daß bei flexibler Automatisierung der Anteil der Software an den Gesamtkosten für die Informationstechnik sehr stark ansteigt. Hierbei müssen wir beachten, daß sich vor allem der Aufwand für den Unterhalt, die Anwendung und die Organisation der Soft- und Orgware beträchtlich erhöht. Deshalb wird es notwendig sein, durch die Rationalisierung der Software-Produktion, die Förderung leistungsfähiger Spezialisten und die multivalente Nutzung von Software-Entwicklungen der Kostenexplosion auf diesem Gebiet entgegenzuwirken. Gegenwärtig rechnet man mit einem Programmiererbedarf pro CNC-Maschine von 1/4 bis 1/2 Arbeitskraft, für das Programmieren und Einrichten eines Roboters 1/6 Arbeitskraft. Die Gestaltung eines Systems von 10 CNC-Maschinen und 10 Industrierobotern würde demnach ein Potential von durchschnittlich 7 Programmierern erfordern, wobei damit noch nicht der Softwarebedarf für die zentrale Steuerung des Systems - als Hauptaufwandsgröße - sowie für die Schaffung von CAD/CAM-Systemen erfaßt

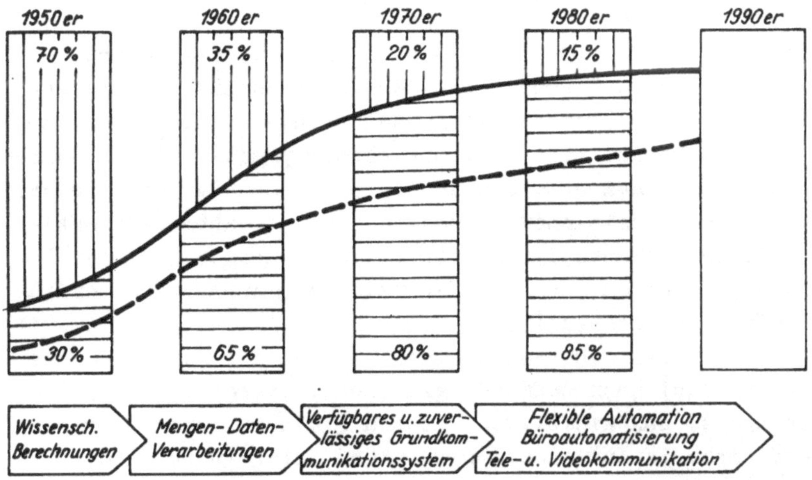

Abbildung 17
Entwicklung der Relation von Hard- und Software

ist. So benötigt allein die Programmierung des gesamten Prozeßablaufs (zentrale bzw. dezentrale Steuerung des Gesamtsystems als Einheit von Org- und Software) - wie Erfahrungen des Werkzeugmaschinenbaus der DDR zeigen - pro System mehr als 200-Mann-Jahre.

6. Es wäre sinnlos, die flexible Automatisierung für die Produktion von Erzeugnissen mit geringem Neuheitsgrad anzuwenden. Für ausgereifte, standardisierte Massenerzeugnisse ist die Einzweckautomatisierung ökonomisch wesentlich sinnvoller.

Der große Vorzug der flexiblen Automatisierung besteht darin, daß sie neue Möglichkeiten für die Senkung des Überführungsaufwandes und der Überführungszeit für neue wissenschaftlich-technische Produkte schafft. Damit wird es möglich, die diesen Produkten innewohnende dynamische Effektivität schon zu einem relativ frühen Zeitpunkt zu nutzen. Die Nutzung der durch die flexible Automatisierung geschaffenen Möglichkeit setzt daher eine strategische Planung zur Kreation und zur Realisierung von neuen Erzeugnissen zu einem Zeitpunkt voraus, wo sie die Realisierung einer hohen dynamischen Effektivität ermöglichen und damit die hohen Aufwendungen, die mit der flexiblen Automatisierung verbunden sind, durch ihre "ausnahmsweise Produktivkraft" (Marx) um ein Mehrfaches kompensieren können.

7. Die flexible Automatisierung zeigt, daß es unmöglich ist, ihren ökonomischen Stellenwert bei der weiteren Entwicklung der sozialistischen Gesellschaft allein auf Grund von durchschnittlichen Effektivitätskennziffern, wie Arbeitsproduktivität, Fondsquote, Materialintensität, zu messen. Entscheidungen über solche ausschlaggebenden Basisinnovationen, wie die flexible Automatisierung, die das gesamte System der Produktivkräfte umzugestalten vermögen, bedürfen einer differenzierten, strategisch orientierten Aufwand-Nutzen-Analyse.

Eine solche Aufwand-Nutzen-Analyse hat auf der Aufwand-Seite nicht nur die laufenden Aufwendungen (Lohn, Energie, Material, Abschreibungen), den einmaligen Aufwand (Investitionen), sondern auch die Peripherie-Aufwendungen für ihre Integration in die bereits existierende materiell-technische Basis zu erfassen. Auf der Nutzen-Seite gilt es, nicht nur die Arbeitsproduktivitätssteigerung, die Verringerung von körperlich schwerer, gesundheitsschädigender und geistig monotoner Arbeit, die Freisetzung von Arbeitskräften, die Erhöhung der Stabilität und der Qualität der Produktion zu berücksichtigen, sondern auch die durch sie mögliche Erhöhung der Flexibilität der Produktion, den Zeitgewinn und die Aufwandssenkung bei der Einführung neuer Erzeugnisse. Erst mit einer differenzierten Aufwand-Nutzen-Analyse wird es möglich, die mit einer solchen Basisinnovation, wie der flexiblen Automatisierung, verbundene dynamische Effektivität in ihrer strategischen Bedeutung zu erfassen.

5.2. Strategie und Effektivität der flexiblen Automatisierung – das Transformationsproblem

In der Phase der Strategienbildung spielen zunächst qualitative Einschätzungen und erste quantitative Bewertungen eine Rolle. Später werden schrittweise genauere technisch-ökonomische Berechnungen möglich.

Bei der Entwicklung eines Roboters der dritten Generation mit sensorischen Fähigkeiten wird im Pflichtenheft eine Vielzahl spezifischer Kenngrößen, wie Arbeitsgeschwindigkeit, Freiheitsgrade, Positioniergenauigkeit u.a.m., ausgewiesen. Schließlich wird es auch möglich, den Produktivitätsfaktor dieses Roboters einzuschätzen, also eine erste Kennziffer der dynamischen Effektivität zu bestimmen.

Die technischen Leistungskennziffern werden vom Naturwissenschaftler, Ingenieur und Fertigungsspezialisten berechnet und geplant. Bei neuen technischen Prinziplösungen, die Basisinnovationen auslösen können, liegen die erreichbaren direkten Leistungs- und Produktivitätszuwächse in einer Größenordnung von mehr als 100 Prozent, oft von 200 und 300 Prozent. Nicht selten wird in der Praxis mit solchen Zahlen, die dem Ökonomen als astronomisch erscheinen, argumentiert, um bestimmte Entwicklungsvarianten durchzusetzen. Es werden Muster vorgeführt, die unter Laborbedingungen solche Leistungszuwächse ohne weiteres erreichen. Der Entscheidungsprozeß kann auf einer solchen Basis leicht in die falsche Richtung laufen. Der Techniker kann das Neue anschaulich demonstrieren, der Ökonom dagegen nur argumentieren und gegenrechnen.

Genau hier muß deshalb der konstruktive Dialog, muß die Gemeinschaftsarbeit von Technikern und Ökonomen einsetzen. Der Techniker soll Durchschnittskennziffern der bisherigen Prozesse und Erzeugnisse, auf die der Ökonom seine Berechnungen aufbaut, in schöpferischer Weise in Frage stellen, also ganz neue Lösungen entwickeln. Aber der Ökonom sollte nicht ohne weiteres jene Kenngrößen akzeptieren, die den Produktivitätssprung der neuen Technik dokumentieren. Eine hohe Leistungs- und Produktivitätskennziffer der Innovation ist noch lange nicht identisch mit einer hohen realen Effektivitätswirkung der Neuerung im gesamten Reproduktionsprozeß.

Das entscheidende Problem ist die Transformation der geplanten oder projektierten dynamischen Effektivität in einen tatsächlichen Effektivitätsschub des gesamten Reproduktionsprozesses, also in einen realen Wachstumsimpuls der durchschnittlichen Effektivität. Das Transformationsproblem ist fundamental für die Beherrschung der Effektivitätswirkung von Neuerungsprozessen. Es schließt zwei Aspekte ein:

1. die Differenz der projektierten (theoretischen) Leistung und der unter realen Bedingungen erreichbaren betrieblichen Leistung. Diese Differenz der projektierten und tatsächlichen dynamischen Effektivität ist eine in der Praxis allgemein bekannte Erscheinung. So betonte verständlicherweise seinerzeit der Erfinder Mauersberger, daß eine Nähwirkmaschine die zwanzigfache Leistung einer Webmaschine erreicht. Bereits bei den realen direkten Prozeßkosten sieht es schon anders aus. Im Vergleich zur Automatenweberei hat zum Beispiel das Nähwirken 30 bis 35 Prozent der Kosten der Hauptproduktionsstufe aufzuweisen, bei den gesamten betrieblichen Herstellungskosten aber werden nur 50 Prozent erreicht. Der zwanzigfache Vorteil des Neuerungsprozesses hat sich auf einen zweifachen verringert. Die Ursache für diese Differenz ist die Tatsache, daß jede Innovation in einem betrieblichen und volkswirtschaftlichen Umfeld wirksam wird, von vor-, nach- und nebengelagerten Prozessen abhängig ist. Die Wechselwirkung mit diesen Prozessen ist ein Geflecht von Schub- und Bremsfaktoren, in dem besonders in der ersten Zeit der Durchsetzung des Neuen die Bremswirkungen überwiegen. Der Ökonom muß darauf aufmerksam machen, nicht um die Neuerung zu desavouieren, sondern um nach

Möglichkeiten zu suchen, ihr Effektivitätspotential wirklich in der Breite zu erschließen.

Wird der neue Roboter isoliert in einen bestehenden Fertigungsprozeß eingeführt ohne entsprechende organisatorische und fertigungstechnische Änderungen, so tritt folgender Bremseffekt ein. Die Leistung des Prozesses je Stunde Fertigungszeit ist

$$p = \frac{P}{T} = \frac{1}{t} \tag{8}$$

p Leistungskennziffer in Stück/h
T Fertigungszeit in Stunden h
t Fertigungszeit in h je Stück
P Produktion in Stück
Weiter ist

$$p = \frac{1}{t_R + t_s} \tag{9}$$

t_R Fertigungszeit der Roboteroperationen in h je Stück
t_s Fertigungszeit der übrigen Operationen in h je Stück

Die bisherige Fertigungszeit betrage 5 Stunden je Stück, von denen ein Fünftel, also 1 Stunde durch den Robotereinsatz auf 15 min reduziert wird. Damit steigt die Leistung, bezogen nur auf den Roboter, nicht auf den Gesamtprozeß, um das Vierfache.

Dagegen ist die Leistungskennziffer des Gesamtprozesses von $p = \frac{1}{5} = 0{,}200$ auf $p = \frac{1}{4{,}25} = 0{,}235$, also nur um 17,6 Prozent gestiegen.

Nehmen wir nun einmal an - gewissermaßen als Gedankenexperiment - es gelänge einen Superroboter zu entwickeln, dessen Leistung nicht um das Vierfache, sondern um das Sechzigfache erhöht wird. Dagegen bleiben die übrigen Fertigungsoperationen unverändert. Dann ist die Leistungskennziffer des Gesamtprozesses von 0,235 auf $\frac{1}{4{,}0167} = 0{,}249$, also um 6 Prozent gestiegen.

Daraus erkennt man sofort die asymptotische, sich allmählich abflachende Schubwirkung eines isolierten Robotereinsatzes. Dabei wurde in dem Zahlenbeispiel noch nicht einmal berücksichtigt, daß der Robotereinsatz neben der Einsparung auch einen Mehraufwand für die Wartung und für Programmierung mit sich bringen wird.

Ein verantwortungsbewußter Ökonom muß auf diesen Effekt immer wieder aufmerksam machen, wenn Entscheidungen einseitig aus der Sicht der lokalen Kennziffern betrachtet werden. Dies ist gerade gegenwärtig wichtig, wo bei der Organisierung des Robotereinsatzes nicht selten solche punktuellen Argumente im Vordergrund stehen. Aber der Ökonom sollte auch etwas anderes sehen.

Bremswirkungen sind das eine, das andere ist die reale Möglichkeit, Bremswirkungen in Schubwirkungen zu verwandeln. Das wesentlich höhere lokale Leistungsniveau zwingt zu Überlegungen über die anderen Abschnitte des Fertigungsprozesses, ja es kann sogar Überlegungen auslösen, die zur revolutionären Veränderung dieses gesamten Prozesses führen. Es wird zum Beispiel vorgeschlagen, die Fertigung im Komplex umzustellen, den leistungsfähigen Roboter der dritten Generation durch Einsatz mehrerer Roboter der ersten Generation zu ergänzen u.ä. In diesem Fall kann die Fertigungszeit der übrigen Operationen weiter reduziert werden, und es entsteht ein Produktivitätssprung nicht nur am Arbeitsplatz, sondern im ganzen Fertigungsprozeß.

So wird im VEB Kombinat Fortschritt Neustadt ein flexibles Fertigungssystem für Getriebegehäuse vorbereitet. Es werden 15 bis 18 maschinengebundene Industrieroboter in Verbindung mit einem Transportsystem mit 9 flexiblen Industrierobotern im Komplex eingesetzt. Damit steigt die Arbeitsproduktivität des gesamten Prozesses um 120 Prozent. Die komplexen Lösungen können die Bremswirkungen des Umfeldes so reduzieren, daß lokale Produktivitätssprünge in einen realen Produktivitätsschub des Gesamtprozesses verwandelt werden.

Das ist auf zwei Wegen möglich. Beim ersten Weg führt der lokale Produktivitätssprung zu neuen organisatorischen Lösungen, zur Rationalisierung und technischen Vervollkommnung der vor-, nach- und nebengelagerten Prozesse. Der Antriebsfaktor der Basisinnovation ruft die Ausgleichsfaktoren des Umfeldes auf den Plan.

Oft erreichen die absoluten Einsparungen der Teilverbesserungen an den verschiedenen Abschnitten durchaus den Betrag der Einsparung durch die Basisinnovation wie in unserem Beispiel. Es gibt keinen Grund, den Stellenwert der Rationalisierung der vorhandenen Fonds zu unterschätzen. Die bedeutendste Rationalisierungsquelle ist dabei jene, die durch die auf Basis der grundlegenden Neuerung möglichen partiellen Neuerung erschlossen wird.

Der erste Weg bietet also die Möglichkeit, die Differenz theoretischer und realer dynamischer Effektivität zu minimieren. Beseitigt wird diese Differenz jedoch nicht.

Der zweite Weg ermöglicht dagegen, diese Differenz nicht nur zu minimieren, sondern aufzuheben. Es wird möglich, daß das Wachstum der dynamischen Effektivität des Prozesses, in dem die Innovation eingeführt wird, das Wachstum der lokalen dynamischen Effektivität des neuen Arbeitsmittels übersteigt. Das ist dann möglich, wenn mehrere Basisinnovationen selbst im Komplex eingeführt werden und sich ihre Effektivitätswirkungen gegenseitig stimulieren.

Es entsteht ein Produktivitätsschub des Gesamtprozesses aus der planmäßigen Kombination mehrerer Basisinnovationen. Die dynamische Effektivität des Prozesses übersteigt die einfache Summe der dynamischen Effektivitäten einzelner grundlegender Neuerungen.

Die modernsten flexiblen Fertigungssysteme der Gegenwart kombinieren solche grundlegenden Neuerungen, wie Robotereinsatz, Computeranwendung und NC-Technik, und erreichen daher einen sehr beachtlichen Produktivitätsschub. Sie erfordern jedoch einen bestimmten Fondsvorschuß. Wenn dieser Fondsvorschuß nicht realisierbar ist, weil die Investitionen für den Ersatz und die Komplettierung auf Basis des vorhandenen durchschnittlichen technischen Niveaus eingesetzt werden, gehen die Produktivitätszuwachsraten unweigerlich zurück.

Wenn es gelingt, einen Produktivitätsschub auf Basis des Fondsvorschusses zu realisieren, so entsteht die Frage, wie dieser Produktivitätsschub im Kombinat, im Zweig oder in der Volkswirtschaft wirksam wird.

2. Der zweite Aspekt des Transformationsproblems ist der Übergang von der realen dynamischen Effektivität zur durchschnittlichen Effektivität. Angenommen, man kennt den möglichen Produktivitätsschub nicht nur lokal, sondern auch für den Fertigungsprozeß oder sogar für den Zweig, wie wirkt sich dieser Produktivitätsschub auf die volkswirtschaftliche Effektivität aus? So führt die Anwendung der Mikroelektronik in den dynamischen Produktionsprozessen nach verschiedenen Einschätzungen zu einem Produktivitäts-

schub von 40 bis 60 Prozent. Wie beeinflußt dieser Produktivitätsschub die durchschnittliche Produktivität der chemischen Industrie?

Diese Frage beantworten heißt, die vermittelnden Glieder zu finden, die dynamische und durchschnittliche Effektivität verbinden.

Das ist ein Schlüsselproblem der Effektivitätsplanung: Auf der einen Seite existieren die aus Experteneinschätzungen stammenden Informationen über den Neuerungsprozeß, und auf der anderen Seite ist eine zusammenfassende Einschätzung ihrer realen Wirkung auf die durchschnittliche Effektivität unerläßlich.

Wir wollen zunächst den einfachen Zusammenhang erwähnen, daß die durchschnittliche Effektivität die gewogene Summe der Effektivitäten aller Neuerungsprozesse und aller sonstigen Prozesse ist, also nicht nur von der Effektivität des einzelnen Neuerungsprozesses, sondern auch von seinem Strukturanteil abhängt.

$$\bar{e} = \frac{\sum_{i=1}^{n} e_{Ni} \cdot A_{Ni} + \sum_{j=1}^{m} e_{sj} \cdot A_{sj}}{\sum_{i=1}^{n} A_{Ni} + \sum_{j=1}^{m} A_{sj}} \qquad (10)$$

$\bar{e}$ durchschnittliche Effektivität

e_{Ni} Effektivität des i-ten Neuerungsprozesses

A_{Ni} Aufwand des i-ten Neuerungsprozesses

e_{sj} Effektivität des j-ten sonstigen Prozesses

A_{sj} Aufwand des j-ten sonstigen Prozesses

Da Innovationen in der Regel nur einen Aufwandsanteil von 10 bis 20 Prozent am Gesamtaufwand haben, muß ihre Effektivität schon recht wesentlich über dem der sonstigen Prozesse liegen, um signifikant auf die durchschnittliche Effektivität zu wirken. Aber die Formel (10) hilft nicht weiter bei der eigentlichen Lösung des Transformationsproblems. Es gibt zwei entscheidende Verbindungsglieder zwischen der dynamischen und der durchschnittlichen Effektivität,

- den Koeffizienten des spezifischen Einsparungspotentials und
- die Ausbreitungsrate.

Was besagen diese beiden Kenngrößen? Zunächst muß die Größe des allgemeinen Einsparungspotentials (Ausbreitungspotentials) bekannt sein, d.h., beispielsweise bei Schweißrobotern ist es notwendig zu wissen, wieviel Arbeitsplätze von Schweißern es in der Volkswirtschaft gibt. In der DDR-Industrie gab es 1980 schätzungsweise 31 000 Arbeitsplätze dieser Art. Bei Vorausberechnungen kann diese Größe des gesamten Einsparungspotentials zunächst als Konstante angenommen werden. Aber nicht alle diese Arbeitsplätze werden durch die Neuerung Schweißroboter in dem überschaubaren Planungszeitraum z.B. von 5 Jahren erfaßt. Es ist erforderlich zu wissen, wieviel Prozent dieser Arbeitsplätze überhaupt durch die Neuerung Schweißroboter beim gegenwärtigen und zu erwartenden Stand der Technik erfaßt werden können. Das ist der Koeffizient des spezifischen Einsparungspotentials k. Er muß durch Expertenbefragung ermittelt werden. Dabei ist eine bestimmte technische Generation zugrunde zu legen, d.h., der Koeffizient des spezifischen Einsparungspotentials bei Robotern aller Generationen bis zur dritten Generation wird höher sein als der Koeffizient des spezifischen Einsparungspotentials nur auf Basis der Roboter der ersten Generation.

Nach internationalen Einschätzungen beträgt z.B. der Koeffizient des spezifischen Einsparungspotentials k für alle Roboter zum Schweißen und Trennen bis zur 2. Generation 25 Prozent und bis zur 3. Generation 50 Prozent.

Der Koeffizient k sollte mit jeweils spezifischen Methoden bestimmt werden.

Im Falle des Arbeitsaufwands wird so vorgegangen, daß der gesamte Zeitaufwand nicht nach Berufsgruppen, sondern nach Funktionen F_1, F_2 bis F_n gegliedert und entsprechend zugeordnet wird, z.B. Transport, Verbinden und Trennen, Montage, Gütekontrolle usw. Nur in dieser Konkretheit kann nämlich die Wirkung der Neuerung abgeschätzt werden. Für jede dieser Funktionen wird k durch Experten geschätzt oder aus internationalen Angaben entnommen.

Aber der Koeffizient des spezifischen Ausbreitungs- oder Einsparungspotentials ist kein bloßes Rechenexempel, er ist eine Frage des wirklich kaufmännischen Denkens bis zum Markt und zur Anwendung. Je besser die Software des neuen Roboters, die Serviceleistung zur Anpassung an die Kundenwünsche usw., desto höher kann oft der reale Koeffizient des spezifischen Ausbreitungspotentials sein.

Das zweite vorentscheidende Verbindungsglied ist die Ausbreitungsrate oder der Verbreitungsgrad. Er besagt, wie hoch der Anteil der Neuerung im Zeitpunkt t, bezogen auf das spezifische Einsparungspotential, ist. Bei Schweißrobotern bis zur 3. Generation betrug das allgemeine Einsparungspotential 31 000 Arbeitsplätze und das spezifische Einsparungspotential 15 500 Arbeitsplätze. Auf diese 15 500 Arbeitsplätze bezieht sich nun die Ausbreitungsrate im Zeitpunkt t. Sie ist definiert als

$$a(t) = \frac{A_N(t) + A_s(t)}{A^*} \tag{11}$$

$A_N(t)$ Arbeitsplätze mit neuer Technik im Zeitpunkt t
$A_s(t)$ Freigesetzte Arbeitsplätze im Zeitpunkt t
A^* Spezifisches Einsparungspotential, d.h. Anzahl der von der Einführung der Neuerung betroffenen Arbeitsplätze. Es wird hier zur Vereinfachung als Konstante angenommen.

Die Ausbreitungsrate kann auch etwas anders bestimmt werden; sie ist aber stets eine Anteilkennziffer der neuen Technik, die zwischen 0 und 1 (zwischen 0 und 100 Prozent) definiert ist. Bekannt ist auch ihre einfache Bestimmung in der Form

$$F = \frac{\text{Anzahl der neuen Erzeugnisse}}{\text{möglicher Umfang des Einsatzes der neuen Erzeugnisse}} \tag{12}$$

also z.B. Anteil der Haushalte mit Farbfernsehgeräten an der Gesamtzahl der Haushalte. Die Ausbreitungsrate F wird mathematisch umgeformt in die bereits im 3. Kapitel behandelte Diffusionsrate $\frac{F}{1 - F}$ und logarithmiert. Stellt man die logarithmische Diffusionsrate $\ln \frac{F}{1 - F}$ über der Zeit t in einem Koordinatennetz dar, so erhält man für die meisten Neuerungsprozesse annähernd eine Gerade. Also kann man annehmen

$$\ln \frac{F}{1 - F} = \alpha + \beta t \tag{13}$$

Dabei ist

$$F = \frac{Y}{K} \tag{14}$$

K Ausbreitungspotential (Sättigungs- oder Grenzwert)
Y Ausbreitungsvariable
und die Ausbreitungsgeschwindigkeit (relative Wachstumsrate) ist

$$\frac{Y'}{Y} = \beta (1 - F) \qquad (15)$$

Das bedeutet aber nichts anderes als die Tatsache, daß nahezu alle Ausbreitungsprozesse mit der logistischen Funktion darstellbar sind, also mit einer s-förmigen Sättigungsfunktion. Man kann für die Ausbreitungsrate a(t) relativ verläßlich annehmen, daß sie einen s-förmigen Verlauf nehmen wird.

Im Beispiel der Schweißroboter sei die vereinfachte Ausbreitungsrate F

1980 30 : 15 500 = 0,00194 und
1985 2 000 : 15 500 = 0,12903.

Die entsprechenden Werte der logarithmischen Diffusionsrate sind entsprechend ($\ln \frac{F}{1 - F}$)

1980 - 6,2450673
1985 - 2,0477104.

Da wir nur die beiden Parameter α und β suchen, genügen uns hier diese beiden Werte für $\ln \frac{F}{1 - F}$ 1980 und 1985 und durch Lösung von zwei Gleichungen mit zwei Unbekannten

$$- 6,2450673 = \alpha + \beta \cdot 1980$$
$$- 2,0477104 = \alpha + \beta \cdot 1985$$

erhalten wir

$$\ln \frac{F}{1 - F} = - 1668,3984 + 0,8394714 \cdot t$$

Daraus kann für jedes Jahr nach 1980 die Ausbreitungsrate berechnet werden. Die Ausbreitungsgeschwindigkeit ist

1980 gleich 0,8394714 (1 - 0,0094) = 83,16 Prozent und
1985 gleich 0,8394714 (1 - 0,12903) = 73,12 Prozent.

Damit kommen wir zur Lösung des Transformationsproblems. Die Grundformel, bezogen auf den Arbeitsaufwand, lautet

$$\Delta h = h(0) \cdot k \cdot a(t) \cdot \left[\frac{1}{p(t)} - 1 \right] \qquad (16)$$

Dabei ist

Δh - die Senkung des Arbeitsaufwands in Stunden je 1 000 M Bruttoproduktion im Planjahr im Vergleich zum Basisjahr h(0) - der Arbeitsaufwand in Stunden je 1 000 M Bruttoproduktion im Basisjahr 0

a(t) - die Ausbreitungsrate im Planjahr t

p(t) - der Produktivitätsfaktor der Neuerung im Planjahr im Vergleich zum Basisjahr

Als Beispiel zur Illustration sei der Neuerungsprozeß Industrieroboter angeführt. Bis 1985 beträgt die Arbeitszeiteinsparung vorwiegend auf Grund der Roboteranwendung 162 Mill. Stunden. Das sind etwa 6 Prozent der gesamten geplanten Arbeitszeiteinsparung im produzierenden Bereich der Volkswirtschaft. Der Arbeitsaufwand je 1 000 M Bruttoproduktion betrug 1980 25,8 Stunden. Er soll bis 1985 um etwa 5,1 Stunden verringert werden. Davon entfallen etwa 0,3 Stunden auf den Robotereinsatz.

Diese Arbeitsaufwandssenkung Δh kann man als das Produkt von vier Faktoren darstellen, wenn der Produktivitätsfaktor 1,6 beträgt, der Koeffizient des spezifischen Einsparungspotentials 20 Prozent und die Ausbreitungsrate bis 1985 15 Prozent $- 0{,}3 = 25{,}8 \cdot 0{,}2 \cdot 0{,}15 \left(\frac{1}{1{,}6} - 1\right)$ in Stunden je 1 000 M Bruttoproduktion.

Die angegebene Formel kann in modifizierter Form auch für die Berechnung der Materialeinsparung verwendet werden

$$\Delta m = m(0) \cdot k \cdot a(t) \cdot \left[r(t) - 1 \right] \tag{17}$$

m(0) - Materialaufwand je 1 000 M Bruttoproduktion in der Basisperiode

r(t) - Verhältnis des spezifischen Verbrauchs bei alter Technik zum spezifischen Verbrauch bei neuer Technik (Einsparungsfaktor)

Auch der Investitionsbedarf kann mit Hilfe der beiden Koeffizienten bestimmt werden. Dazu formen wir die Ausbreitungsrate a(t) laut Formel (11) um unter Beachtung des Zusammenhangs, daß die Zahl der Arbeitsplätze gleich der Zahl der Arbeitskräfte ist, geteilt durch den Schichtfaktor. Die Ausbreitungsrate ist dann

$$a(t) = \frac{A_N(t) \cdot (1 + c)}{A^*} \tag{18}$$

c - Freisetzungseffekt je neuen Arbeitsplatz

Der Investitionsbedarf der Neuerungen I_N kann abgeschätzt werden nach

$$I_N = A_N(t) \cdot i \qquad (19)$$

i - Investitionen je neuen Arbeitsplatz

und auf Grund von (16) und der Beziehung

$$A^* = A(0) \cdot k$$

ergibt sich

$$I_N = A(0) \cdot a(t) \cdot k \cdot \frac{i}{1 + c} \qquad (20)$$

Nach überschlägigen Berechnungen ergibt sich für die Industrie der DDR bei A (1980) = 1,9 Mill., c = 1,6, i = 0,2 Mill. je Roboter, k = 0,2 und a(t) = 0,15 ein Investitionsbedarf von

$$I_N = 1{,}9 \cdot 0{,}15 \cdot 0{,}2 \cdot \frac{0{,}2}{2{,}6} = 4{,}4 \text{ Mrd. Mark}$$

bis 1985 (für die gesamte Fünfjahrplanperiode).

Die Ressourceneinsparung ist aber nur die eine Seite der ökonomischen Effektivität. Die andere Seite ist die Erhöhung des Endprodukts durch Schaffung neuer Produkte. Ein möglicher Weg der Berechnung des Endproduktes ist der folgende:

$$\Delta Y = N \cdot p_M \cdot m \qquad (21)$$

Y - Endprodukt

N - Anzahl der neuen Erzeugnisse

p_M - Preis je kg

m - Gewicht in kg pro Stück

Die Kilopreise sind auf Grund vorliegender Vergleichsdaten in Abhängigkeit von der Entwicklung der Leistungsparameter zu schätzen.

Durch die dargelegte Herangehensweise an die Transformation von direkten Wirkungen des Neuerungsprozesses flexible Automation auf die Aufwandskoeffizienten werden zugleich zwei wesentliche Zusammenhänge deutlicher und faßbar.

1. Bei der Analyse der Wesenszüge des Neuerungsprozesses flexible Automatisierung hat es sich gezeigt, daß die Innovation Resultat der Fusion einer wissenschaftlich-technischen Lösung mit einem ökonomischen Bedarf ist. Hohes wissenschaftlich-technisches Niveau und große Anwendungsbreite müssen zusammenwirken,

damit eine signifikante Effektivitätssteigerung möglich wird.

Im Produktivitätsfaktor der Übergangsformel (16) widerspiegelt sich die dynamische Effektivität des Neuerungsprozesses flexible Automatisierung. Dagegen zeigen die Verbindungsglieder, der Koeffizient des spezifischen Einsparungspotentials und die Ausbreitungsrate den Maßstab und das Wirken des gesellschaftlichen Bedürfnisses.

2. Damit wird auch die Dialektik des extensiven und des intensiven Faktors, die so wesentlich für die Einschätzung der Wirksamkeit von Neuerungsprozessen ist, weitaus deutlicher. Sie ergibt sich aus der Beziehung von Effektivität und Ergebnismasse. Die Erhöhung der Effektivität der Volkswirtschaft, des Zweiges oder Kombinats als Faktor der volkswirtschaftlichen Intensivierung ist selbst das Produkt eines intensiven und eines extensiven Moments. Es genügt nicht, eine hohe Effektivität oder Intensität punktuell zu erreichen, sie muß sich auf ein möglichst großes Ausbreitungspotential (Einsparungspotential) erstrecken. Erst dann wirkt sie sich nachhaltig auf das gesamte Effektivitätswachstum aus. Das ist natürlich nicht nur eine Frage der Ausdehnung des gesellschaftlichen Bedarfs nach der Neuerung. Es ist auch notwendig, gesellschaftliche Ressourcen auf das neue Gebiet zu konzentrieren, wo die Effektivität in zunehmendem Maße bereits über dem gesellschaftlichen Durchschnitt liegt oder auf dem schnellen Wege dazu ist.

Die Effektivitätssteigerung in der Einführungsphase und in der Phase des schnellen Wachstums von Basisinnovationen ist in hohem Maße ein Ergebnis des hier erfolgenden Fondsvorschusses in den neuen Richtungen. Wenn diese Mittel zu gering sind, wie es in der Praxis häufig vorgekommen ist, so wird die Phase des schnellen Wachstums deformiert zu einer Phase des verzögerten Wachstums und damit des Zeit- und Effektivitätsverlustes. In anderen Fällen wird die Einführungsphase verlängert. Damit wird das Ressourcenproblem, das international den Anstoß für die Neuerung gab, nicht gelöst, sondern verschärft. In diesem Fall entsteht ein circulus vitiosus: die Mittel werden zur Ressourcensubstitution auf alter bzw. bekannter technischer Basis konzentriert, stehen daher für die Hervorbringung, Durchsetzung und Ausbreitung von Basisinnovationen nicht zur Verfügung.

Die Forcierung der traditionellen Einzweckautomatisierung, die Rationalisierung vorhandener Fonds auf Basis bekannter technischer Prinziplösungen stießen immer mehr an die Grenzen des Bedarfs und des Marktes. Nur dort, wo es gelungen war, durch enorme wissenschaftlich-technische und kommerziell-organisatorische Vorleistungen in das Neuland flexibler Lösungen vorzustoßen, konnten bedeutende Extragewinne erzielt werden.

Das zeigt, wie dringend es erforderlich ist, Strategienbildung, Logistik und Effektivitätsrechnung auf dem Gebiet der flesiblen Automatisierung voranzubringen. Diese Basisinnovation wird uns noch vor so manches wissenschaftlich-technische und ökonomische Rätsel stellen. Sie ist gut für eine Vielzahl von Überraschungen, die sich nicht einfach in das Bekannte und die vorhandene Systematik einordnen lassen. Die Dynamik dieser ausnahmsweisen Produktivkraft ist eine Herausforderung für viele Arbeitsgebiete unserer Volkswirtschaft, zugleich aber eine Chance für die schöpferische Arbeit vieler Wissenschaftler, Techniker, Ökonomen und Neuerer.

Anmerkungen

1 Vgl. H. Nick, Wissenschaftlich-technische Revolution, Berlin 1983, S. 31 ff.

2 K. Marx, Zur Kritik der politischen Ökonomie (Manuskript 1861-1863), in: MEGA II, 3.6, Berlin 1982, S. 1917.

3 In einer Vorarbeit zum Kapital schreibt Marx: "Es ist nicht mehr der Mensch, sondern ein von Menschen gemachter Mechanismus, der die tools handles. Und der Mensch überwacht die Action, corrigiert die zufälligen errors etc."
(K. Marx, Zur Kritik der politischen Ökonomie (Manuskript 1861-1863), a.a.O., S. 1949.)

4 K. Marx, Grundrisse der Kritik der politischen Ökonomie, Berlin 1953, S. 593.

5 K. Marx, Zur Kritik der politischen Ökonomie (Manuskript 1861-1863), a.a.O., S. 1915.

6 W.I. Lenin, Werke, Bd. 27, Berlin 1960, S. 312; Bd. 35, Berlin 1962, S. 411.

7 K. Marx, Das Kapital. Erster Band, in: Karl Marx / Friedrich Engels, Werke (im folgenden MEW), Bd. 23, Berlin 1979, S.473.

8 K. Marx, Grundrisse der Kritik der politischen Ökonomie, a.a.O., S. 593.

9 K. Marx, Zur Kritik der politischen Ökonomie (Manuskript 1861-1863), a.a.O., S. 2015/2016.

10 E. Honecker, Bericht des Zentralkomitees der SED an den X. Parteitag, Berlin 1981, S. 50.

11 Pravda vom 20. August und 28. August 1983.

12 K. Marx, Das Kapital. Dritter Band, in: MEW, Bd. 25, Berlin 1979, S. 243-244.

13 5. Tagung des Zentralkomitees der SED. Aus dem Schlußwort des Genossen Erich Honecker, Berlin 1982, S. 26.

14 K. Marx, Das Kapital. Dritter Band, in: MEW, Bd. 25, a.a.O., S. 657.

15 5. Tagung des Zentralkomitees der SED. Aus dem Schlußwort des Genossen Erich Honecker, a.a.O., S. 23, 26.

16 Ebenda, S. 26.

17 Vgl. die Arbeit von S.G. Strumilin: Der Zeitfaktor bei der Projektierung von Investitionen, Moskau - Leningrad 1945; siehe auch Ökonomische Enzyklopädie Politische Ökonomie, Bd. 4, Moskau 1980, S. 263 (russ.).

18 G. Mittag, Ökonomische Strategie der Partei - klares Konzept für weiteres Wachstum, in: Einheit, 11/1983, S. 1020.

19 J. Obraszow, Student und EDV, in: Pravda vom 27. März 1983, S. 3 (russ.).

20 Arthur D. Little, Inc., Factors Related to the Implementation and Diffusion of New Technologies. A Report to the NSF, Nr. 80978, Juni 1979, Washington.

21 Kanjai Yanemoto, Robotisation in Japanese Industries, JETRO, 1982, S. 12 (Manuskript).

22 Financial Times (London) vom 15. Februar 1983.
Der japanische Export von Werkzeugmaschinen konnte sich von 1975-1981 mit einer jährlichen Wachstumsrate von 35% erhöhen. Hierbei war es den japanischen Konzernen möglich, 1980 50% des CNC-Maschinen-Marktes der USA und mehr als ein Drittel des westeuropäischen Marktes zu erobern. Es ist bezeichnend, daß der Marktanteil an flexiblen Fertigungszentren noch höher war; in Großbritannien z.B. über 60%.

23 D. Schilling, Nutzensnachweis beim Einsatz von Schweißrobotern, in: ZIS-Mitteilungen, 9/1980, S. 1023.

24 Statistisches Jahrbuch der DDR 1972, Berlin 1972, S. 142; Statistisches Jahrbuch der DDR 1981, Berlin 1981, S. 132.
Interessant ist, daß die technologischen und ökonomischen Grenzen der traditionellen Form der Mechanisierung und Automatisierung oftmals unmittelbarer Ausgangspunkt für die Einführung von Grundelementen der flexiblen Automatisierung, z.B. den Industrierobotereinsatz, sind. So schreibt der Betriebsdirektor des VEB Sachsenring Automobilwerke Zwickau, Günter Hipp: "Bereits seit 1975 arbeiten wir in unserem Betrieb an der Entwicklung und Einführung von Industrierobotern ... Diese relativ frühzeitige Beschäftigung mit dem Robotereinsatz ergab sich daraus, daß unser Betrieb mit seinem schon damals vergleichsweise hohen Mechanisierungs- und Automatisierungsgrad an eine gewisse technologische Grenze gelangt war, die wir auf diese Weise sprengen wollten."
(G. Hipp, Erfahrungen beim Einsatz von Industrierobotern, in: Einheit, 9/1981, S. 875.)

25 Statistisches Jahrbuch der DDR 1972, a.a.O., S. 142; Statistisches Jahrbuch der DDR 1981, a.a.O., S. 132.

26 Näheres über die einzelnen Phasen des Innovationszyklus siehe H. Maier, Neuerungsprozesse, Effektivität und wissenschaftlich-technische Strategienbildung, in: Wirtschaftswissenschaft, 11/1981, S. 1313 ff.
Vgl. auch H.-D. Haustein, H. Maier, Innovation, Efficiency Cycle and Strategy Implications, in: Technological Forecasting and Social Change (New York), 17 (1980), S. 35-49.

27 L. Roušĕik / K. Oberländer, Langfristige Erzeugnis-, Sortiments- und Produktionsentwicklung, Berlin 1975, S. 53.

28 Rede von Juri Andropow auf dem Plenum des ZK der KPdSU, in: Neues Deutschland vom 16. Juni 1983, S. 7.

29 Statistisches Jahrbuch der DDR 1981, a.a.O., S. 130.

30 Nicht jeder Ersteinführer ist erfolgreich in der Phase des schnellen Wachstums.

31 Vgl. Scientific American (New York), Sept. 1982, S. 87.

32 In Anlehnung an die international übliche Technologie. Manufacturing system wird mit Verarbeitungssystem übersetzt, da dieser Terminus hier eine breitere Bedeutung besitzt und nicht allein die Fertigungsoperationen einschließt.

33 Vgl. E.J. Lerner, Computer-aided manufacturing, in: IEEE Spectrum, Bd. 18 (1981) 11, S. 37

34 Nach J. Hatvany vom Institut für Automatisierung und Rechentechnik der Ungarischen Akademie der Wissenschaften, in: Possible consequences of the intensive computerization of industrial production and management CP-80-25. Internationales Institut für angewandte Systemanalyse, Laxenburg 1980, S. 15.

35 OTA Project Proposal on Information Technology, Automation, and the Workplace, März 1, 1982 (Washington D.C.).

36 In amerikanischen Fachveröffentlichungen wurden die im Weltmaßstab sehr frühen und anspruchsvollen Vorhaben des DDR-Maschinenbaus auf dem Gebiet der flexiblen Fertigungssysteme FFS sehr aufmerksam verfolgt. Lerner berichtet z.B. über das System Rota FZ 2000 in Erfurt (E.J. Lerner, Computer-aided manufacturing, a.a.O., S. 37).

37 L. Scholz, Automatisierungstendenzen in der Industrie, in: IfO-Schnelldienst 17/18 vom 24.6.1982, 35. Jg., S. 32 ff.

38 Vgl. A. Sorge / G. Hartmann / M. Warner / J. Nicholas, Microelectronics and Manpower in Manufacturing: Applications of Computer Numerical Control in Great Britain and West-Germany, Research Report of IIM-IMP-81-16, S. 26.

39 P. Beljanin, Flexible Fertigungen, in: Pravda vom 6. März 1984, S. 3 (russ.).

40 Unter relativer Effektivität verstehen wir das Verhältnis von dynamischer Effektivität, der innovativen Produktionseinheit und der durchschnittlichen Effektivität des gesamten Produktionsfeldes. (Vgl. H. Maier, Neuerungsprozesse, Effektivität, wissenschaftlich-technische Strategienbildung, a.a.O., S. 1318.)

41 5. Tagung des Zentralkomitees der SED. Aus dem Schlußwort des Genossen Erich Honecker, a.a.O., S. 28.

42 Zur Unterscheidung zwischen diesen 3 Stufen der flexiblen Automatisierung werden folgende Definitionen gebraucht:
a) Flexible Fertigungszellen (FFZ) - kleinste automatisierte Abschnitte, die eine NC-Maschine, einen Industrieroboter sowie einen Werkstückspeicher umfassen.
b) Integrierte, gegenstandsspezialisierte Fertigungsabschnitte (IGF-HS) - System von mehreren NC-Maschinen und Industrierobotern mit zentraler Steuerung, das jedoch noch keine automatisierte Beschickung und Einstellung ermöglicht und daher nicht mannlos einsetzbar ist.
c) Flexible Automatisierungssysteme - Kopplung von mehreren CNC-Maschinen und Industrierobotern durch Rechner bei einheitlicher Steuerung des Informations- und Materialflußsystems; die Automatisierung des gesamten Fertigungsabschnitts einschließlich der Hilfs- und Nebenprozesse ist hier bereits auf einem solchen Niveau, daß eine mannlose Arbeit des Systems mindestens in einer 3. Schicht möglich wird.

43 J. Garscha, Stabilität und Flexibilität in der sozialistischen Wirtschaft, Berlin 1980, S. 17.

44 Der Begriff wird im Ökonomischen Lexikon bisher nicht erklärt.

45 Vgl. G. Tautenhahn, Die Aufgabe der metallverarbeitenden Industrie, ZSW Informationen zur Weiterbildung 1981.

46 New Scientist (London), 97 (6.1.1983), S. 28-32.

47 Eine ausführliche Darstellung dieser Zusammenhänge siehe H. Maier, Innovationen und wissenschaftlich-technische Strategien, in: W. Sydow (Hrsg.), In die Zukunft gedacht, Berlin 1983, S. 100 ff.

48 Bei Einzweckautomatisierung sind die Automatisierungsmittel nur für die Massenproduktion eines bestimmten standardisierten Erzeugnisses nutzbar.

49 Vgl. Statistisches Jahrbuch der DDR 1981, a.a.O., S. 132.

50 Vgl. Engineering challenges in the 80's, London 1980, S. 99.

51 J. Hatvany, Possible consequences of the intensive computerization of industrial production and management, a.a.O., S. 25.

52 Financial Times (London) vom 9. Dezember 1982, S. 21.

53 Hier liegt die Hauptgefahr des Imports hochentwickelter Technik ohne rechtzeitige und umfassende Software-Eigenentwicklung.

54 E. Varga, Ausgewählte Schriften 1918 - 1964, Band 2: Die Wirtschaftskrisen, Berlin 1982, S. 270.

55 Scientific American (New York), September 1982, S. 97.

56 Vgl. T. Vasko, CAD/CAM in a contemporary industrial environment. IIASA 1982, S. 2.

57 Mike J.E. Cooley, Auswirkungen der Informationstechnologie auf den Arbeitsprozeß: Das Beispiel CAD, in: Technologie und Kultur, Reinbek bei Hamburg 1983, S. 77-85.

58 Ebenda, S. 83.

59 Mike J.E. Cooley, Architect or Bee. The Human/Technology Relationship Langley Technical Services, Sussex 1982, S. 18. M.J.E. Cooley hat 1972 eines der ersten Bücher über rechnergestützte Entwicklung veröffentlicht. Er war lange Zeit leitender Entwicklungsingenieur und später fast 10 Jahre Gewerkschaftsfunktionär.

60 F. Margulies, Individualisierung von Technologieanwendungen: CAD für alle, in: Technologie und Kultur, a.a.O., S. 93.

61 Die Arbeitsaufgabe ist der Teil der betrieblichen Gesamtarbeit, der mit einer konkreten Arbeitskraft arbeitsrechtlich vereinbart ist.

62 Vgl. dazu J. Fischer / K. Hartmann, Intensivierung der Produktion durch effektiven Einsatz von Industrierobotern, in: Wirtschaftswissenschaft, 11/1982, S. 1613 ff.

63 UNIDO, 19.3.1982, IS 297, Business Week, Juni 1981, The Impacts of Electronics on the International Economic Setting, S. 50.

64 Alle Angaben aus Financial Times (London), Beilage vom 16. Juli 1982.

65 UNIDO, a.a.O., S. 52.

66 M. Vogel / S. Schönfeld, Dialogunterstützte Gestellberechnung mit interaktivem Konstrukteurarbeitsplatz, in: Maschinenbautechnik, 9/1982, S. 388.
J. Klose / P. Hößer u.a., Rechnerunterstütztes Konstruieren von Getrieben und Kupplungen, in: Maschinenbautechnik, 12/1982, S. 541.

67 J. Rugenstein / B. Schütze / N. Fabian, Rechnergestützt konstruieren - aber wie? in: Maschinenbautechnik, 7/1982, S. 299.

68 B. Schütze, Anforderungen an ein CAD-System aus konstruktionswissenschaftlicher Sicht - dargestellt am Beispiel rotationssymmetrischer Baugruppen, in: Maschinenbautechnik, 7/1982, S. 303.

69 Kombinate vergrößern ihren Beitrag zur Erfüllung der Beschlüsse des X. Parteitages, Berlin 1982, S. 25.

70 R. Mattern, Zusammenhänge zwischen den Prozessen der Produktionsvorbereitung und Produktionsdurchführung sowie Schluß-

folgerungen für die Automatisierung in Betrieben des Maschinenbaus oder Einzel- und Kleinserienfertigung. Dissertation A, TU Dresden 1980.

71 Autorenkollektiv, Technische Mittel, in: Konstruktion und Technologie, Berlin 1982, S. 69.

72 "Es ist ein weitverbreiteter Irrtum zu glauben, daß die Elektronik beim Einsatz eines Roboters das Ausschlaggebende sei. Das Wichtigste, das Schwierigste und auf die Dauer Aufwendigste und Teuerste ist die Software, also die Entwicklung und der Einsatz der Programme." (W. Gilde, Roboter aus dem Baukasten, in: Einheit, 9/1981, S. 888.)

Verzeichnis der Abbildungen

Verzeichnis der Tabellen

Sachregister

Alphabetisches Literaturverzeichnis

Autorenkollektiv
Technische Mittel, in: Konstruktion und Technologie, Berlin 1982.

Beljanin, P.N.
Industrial Robots, Moscow 1975: Engineering Publishing House.

The Blue Collar Robot. Special Report V, IEEE Spectrum, 17:9 (New York) 1980.

Brodbeck, B.
Wirtschaftlichkeitsuntersuchung bei der Automatisierung der Handhabung, Montage- und Handhabungstechnik, Nr. 3, Mainz 1976: Krausskopf.

Buzacott, J.A., J.G. Shanthinkumar
Models for Understanding Flexible Manufacturing Systems. Reprinted from AIIE Transactions, Bd. 12, 4/1980, Norcross, Georgia: American Institute of Industrial Engineering.

Capek, K.
R.U.R. (Rossum's Universal Robots). Universal Edition A.G., Wien 1968. Dilia Prag, Reprint from 1920.

Cooley, Mike J.E.
Architect or Bee. The Human/Technology Relationship Langley Technical Services, Sussex 1982.

Cooley, Mike J.E.
Auswirkungen der Informationstechnologie auf den Arbeitsprozeß: Das Beispiel CAD, in: Technologie und Kultur, Reinbek bei Hamburg 1983.

Engelsberger, J.F.
Robotics in Practice: Management and Application of Industrial Robots, London 1980: Kogan Page in Association with Avebury Publ. Co.

Factors Related to the Implementation and Diffusion of New Technologies. A Report to the NSF, Nr. 80978, Washington, D.C., Juni 1979: Arthur D. Little, Inc.

Fischer, J., K. Hartmann
Intensivierung der Produktion durch effektiven Einsatz von Industrierobotern, in: Wirtschaftswissenschaft, 11/1982, S. 1613 ff.

Garscha, J.
Stabilität und Flexibilität in der sozialistischen Wirtschaft, Berlin 1980.

Gerwin, D.
A Theory of Innovation Process for Computerized Manufacturing Technology, Essec, Cergy, France 1984 (Manuskript).

Gilde, W.
Roboter aus dem Baukasten, in: Einheit, 9/1981, S. 888.

Hatvany, J.
Possible Consequences of the Intensive Computerization of Industrial Production and Management, CP-80-25, IIASA (International Institute for Applied Systems Analysis), Laxenburg, Austria 1980.

Haustein, H.-D., H. Maier
The Diffusion of Flexible Automation and Robots, WP-81-152, IIASA, Laxenburg, Austria 1981.

Haustein, H.-D., H. Maier
Flexible Automatisierung, in: Wissenschaft und Technik, 7/1983.

Haustein, H.-D., H. Maier
Flexible Automatisierung - Kernprozeß der Revolution der Produktivkräfte in den achtziger und neunziger Jahren, in: Wirtschaftswissenschaft, 5/1982, S. 669-687.

Haustein, H.-D., H. Maier
Innovation, Efficiency Cycle and Strategy Implications, in: Technological Forecasting and Social Change (New York) 17 (1980), S. 35-49.

Haustein, H.-D., H. Maier, L. Uhlmann
Innovation and Efficiency, RR-81-7, IIASA, Laxenburg, Austria 1981.

Haustein, H.-D., H. Maier, E. Ullrich
Innovation and Requirements for Human Resources, RR-83-24, IIASA, Laxenburg, Austria 1983.

Honecker, E.
Bericht des Zentralkomitees der SED an den X. Parteitag, Berlin 1981.

Kanjai Yanemoto
Robotisation in Japanese Industries, JETRO 1982 (Manuskript).

Klose, J., P. Hößer u.a.
Rechnerunterstütztes Konstruieren von Getrieben und Kupplungen, in: Maschinenbautechnik, 12/1982, S. 541.

Kops, L.
Innovation in management: Computer integrated manufacturing systems. In the proceedings of the Workshop on Innovation Management, IIASA, Laxenburg, Austria 1981.

Lehmann, H.D.
Industrieroboter - Kollege oder Konkurrent, in: Schweizer Technische Zeitung, 11/1980.

Lerner, E.J.
Computer-aided manufacturing, in: IEEE Spectrum, Bd. 18 (1981) 11, S. 37.

Maier, H.
Innovationen und wissenschaftlich-technische Strategien, in: W. Sydow (Hrsg.), In die Zukunft gedacht, Berlin 1983.

Maier, H.
Neuerungsprozesse, Effektivität und wissenschaftlich-technische Strategienbildung, in: Wirtschaftswissenschaft, 11/1981, S. 1313 ff.

Maier, H., J. Robinson (Ed.)
Innovation, Policy and Company Strategy, Laxenburg, Austria 1982.

Margulies, F.
Individualisierung von Technologieanwendungen: CAD für alle, in: Technologie und Kultur, Reinbek bei Hamburg 1983.

Mattern, R.
Zusammenhänge zwischen den Prozessen der Produktionsvorbereitung und Produktionsdurchführung sowie Schlußfolgerungen für die Automatisierung in Betrieben des Maschinenbaus oder Einzel- und Kleinserienfertigung, Dissertation A, TU Dresden 1980.

Mittag, G.
Ökonomische Strategie der Partei - klares Konzept für weiteres Wachstum, in: Einheit, 11/1983, S. 1020.

Nabaseth, L., G.F. Ray
Neue Technologien in der Industrie: Eine Internationale Studie über die Verbreitung von acht Produktionsverfahren, Berlin, München 1978: IFO Institute for Economic Research (Schriftenreihe Nr. 97).

Nick, H.
Wissenschaftlich-technische Revolution, Berlin 1983.

Rugenstein, J., B. Schütze, N. Fabian
Rechnergestützt konstruieren - aber wie? in: Maschinenbautechnik, 7/1982, S. 299.

Schilling, D.
Nutzensnachweis beim Einsatz von Schweißrobotern, in: ZIS-Mitteilungen, 9/1980, S. 1023.

Scholz, L.
Automatisierungstendenzen in der Industrie, in: IfÖ-Schnelldienst 17/18 vom 24.6.1982, 35. Jg., S. 32 ff.

Schütze, B.
Anforderungen an ein CAD-System aus konstruktionswissenschaftlicher Sicht - dargestellt am Beispiel rotationssymmetrischer Baugruppen. in: Maschinenbautechnik, 7/1982, S. 303.

Simons, G.L.
Robots in Industry, Manchester 1980: NCC Publications.

Sorge, A., G. Hartmann, M. Warner, J. Nicholas
Microelectronics and Manpower in Manufacturing: Applications of Computer Numerical Control in Great Britain and West-Germany, Research Report of IIM-IMP-81-16.

Statistisches Jahrbuch der DDR 1972 bis 1983, Berlin.

Strumilin, S.G.
Der Zeitfaktor bei der Projektierung von Investitionen, Moskau, Leningrad 1945 (russ.).

5. Tagung des Zentralkomitees der SED. Aus dem Schlußwort des Genossen Erich Honecker, Berlin 1982.

Taütenhahn, G.
Die Aufgabe der metallverarbeitenden Industrie, ZSW-Informationen zur Weiterbildung 1981.

Toward the Factory of the Future, New York 1980: The American Society of Mechanical Engineers.

Umetani, Y.
Outline of Research and Development of Industrial Robots in Japan. Internal Manuscript. Tokyo, Nov. 1980: Tokyo Institute of Technology.

UNIDO, 19.3.1982, IS 297, Business Week, June 1981, The Impacts of Electronics on the International Economic Setting.

Vasco, T.
CAD/CAM in a contemporary industrial environment, IIASA 1982.

Vogel, M., S. Schönfeld
Dialogunterstützte Gestellberechnung mit interaktivem Konstrukteurarbeitsplatz, in: Maschinenbautechnik, 9/1982, S.388.

Zermeno-Gonzalez, R.
A Conceptual Framework for the Study of the Adoption of Robots in Manufacturing Industry, WP-79-123, IIASA, Laxenburg, Austria 1979.

FSC
www.fsc.org
MIX
Papier | Fördert gute Waldnutzung
FSC® C083411

Zeitfracht Medien GmbH
Ferdinand-Jühlke-Straße 7
99095 Erfurt, Deutschland
produktsicherheit@kolibri360.de